대한민국 으뜸 농사기술서

대한민국 으뜸 농사기술서

양돈

농민신문사

책을 내며

양돈은 사료를 주고, 똥을 치우는 단순한 작업을 하는 것이 아니라 농장을 설계하는 것부터 종돈 구입, 적절한 사료 급여, 질병 예방, 환경 관리, 분뇨 처리, 경영 관리를 비롯한 다양한 분야에 걸친 지식을 바탕으로 현장에서 이루어지는 응용과학을 실천하는 산업입니다.

농장 규모나 생산성으로만 보더라도 국제적으로는 1,000만 두 이상을 사육하는 세계적인 기업이 있고, MSY(어미돼지 한 마리당 연간 새끼 출하 마릿수)가 25두 이상인 나라, MSY가 30두 이상인 글로벌 농장들과 경쟁을 해야 하는 게 우리의 양돈산업의 현실입니다.

이런 상황에서 우리 양돈인들은 더 고민하고, 더 공부하고, 더 행동해야 하는 과제를 안고 있다고 볼 수 있습니다.

양돈에 대해 이야기할 때 보다 쉽고 현실적으로 참고가 될 만한 책이 필요하다는 생각을 하던 차에 지난봄 농민신문사에서 적극적인 요청이 들어왔습니다. 뜻을 같이하는 전문가들이 머리를 맞대어 의견을 교환하고, 자료, 정보, 경험을 모아 이렇게 정리했습니다.

이 책에는 돼지를 이해하기 위한 아주 기본적인 내용뿐만 아니라, 현장에서 이루어지는 전문적인 내용도 들어 있습니다. 또한 현장 경험, OK운동과 정보통신기술(ICT) 등 최근의 경영환경과 경향도 정리하였습니다. 그러나 큰 방향은 교과서처럼 이론에 머물거나 딱딱하게 기술하기보다는 현장에서 바로 적용할 수 있는 참고서, 핸드북, 자료집의 형태로 집필했다는 점입니다.

이런 방향에서 정리하고 편집한 내용들이 책의 형태로 출판되었기 때문에 어느 부문은 자세하게 설명했고, 또 다른 부문은 간단한 내용과 도표, 사진으로 구성했습니다. 자세한 설명이 있는 부문은 기본적인 내용을 충분히 이해해야 현장에서 이용하기가 편리할 것으로 판단합니다. 간단한 요약 형태의 내용과 사진으로 이루어진 부문은 주로 현장 경험이나 세미나 등을 통해 나온 결과로서 간단한 설명만 있어도 금방 이해할 수 있고 쉽게 응용할 수 있는 것들입니다.

이 책에 포함된 내용들은 도드람양돈농협의 길라잡이와 사례집을 비롯해 여러 기관, 전문가의 많은 저서와 자료, 의견들을 참고하고 인용했습니다. 기꺼이 자료를 제공해 주시고, 의견을 주신 많은 분들과 기관에 감사드립니다.

이 책 발간은 농민신문사의 뜨거운 격려와 적극적인 지원이 있었기 때문에 가능했습니다. 집필진을 대표해 농민신문사와 담당하신 류준걸 국장, 최인석 부장, 구영일 팀장께 진심으로 감사드립니다.

부족하고 아쉬운 부분들이 많이 있지만 계속 수정하고 추가하는 것을 숙제로 삼겠습니다. 계속 미룰 수 없기에 이렇게 미흡한 책을 발간하게 되었다는 점을 양해해 주시기를 부탁드립니다. 격려해 주신 모든 분들께 감사드립니다.

집필자를 대표하여
수의학박사 정 현 규

c o n t e n t s

contents

1

돼지의
기원

1.
돼지의 기원

1. 기원

　돼지는 소, 닭, 오리 등과 함께 인간에게 동물성 단백질을 공급하는 주요 동물 중 하나이다. 돼지는 인류가 농경 정착생활을 시작하면서 야생 멧돼지를 순화시켜 사육한 동물로서, 순하고 번식력이 좋으며 체질이 강건하고 발육 속도가 빠른 장점을 가지고 있다.

　우리 인간의 사냥감이었던 돼지는, 점차 인간이 남긴 음식물이나 배설물 등을 섭취하기 위해 인간의 삶의 터전 주위로 모여들기 시작했는데 그때 인간에게 포획되어 길들여지고 사육되면서 가축이 된 것으로 추정된다. 지금의 집돼지는 B.C. 6000년경 유럽, 아시아, 북아메리카 등지의 야생 멧돼지 중 일부가 가축이 된 것으로 추정된다. 본격적 가축화 시기는 동남아시아에서는 B.C. 4800년경, 유럽에서는 B.C. 3500년경으로 추정된다.

　우리나라에서는 고구려 시대 한민족이 만주지방에서 남쪽으로 이동하면서 들여와 기르기 시작한 것으로 추정된다. 삼국지 위지 동이전(三國志 魏志 東夷傳)의 '돼지 기르기를 좋아하며...'라는 기록으로 미루어 볼 때 적어도 2,000년 전부터 돼지를 사육한 것으로 보인다. 지난 2015년 3월 한국문화재청은 '제주흑돼지'를 천연기념물 제550호로 지정했다.

2. 동물 분류학상 특성

돼지의 동물 분류학상 위치는 다음과 같다.

문(門, phylum) : 척추동물문(脊椎動物門, Vertebrate)

강(綱, class) : 포유동물강(哺乳動物綱, Mammalia)

목(目, order) : 우제목(偶蹄目, Artiodactyla)

과(科, family) : 멧돼지과(野猪科, Suidae)

속(屬, genus) : 멧돼지속(野猪屬, Sus)

종(種, species) : 집돼지종(豚種, Sus scrofa domesticus)

돼지는 동물 분류학상 척추동물문에 속하는데, 척추동물문(Vertebrate)에는 양서류, 파충류, 조류, 포유류 등이 포함된다.

포유동물강(Mammalia)에 속하는 동물은 사람, 소, 돼지, 원숭이, 늑대, 토끼 등이 있으며, 포유강 동물의 주요 특징은 대부분이

육상에 살고, 태생이며 젖이 분비되는 유선(mammary)이 있어서 젖으로 새끼를 키우는 것이다.

돼지의 목(order)은 우제목(Artiodactyla)으로 특징은 네 개의 발가락 가운데 두 개만 발달하였고, 나머지는 작거나 퇴화되어 있다는 것이다. 돼지, 낙타, 기린, 소 등이 여기에 속한다.

멧돼지과(Suidae)는 멧돼지속(Sus), 아프리카흑돼지속(Phacochoeerus), 동인도들돼지속(Babiruses)으로 나누어진다.

멧돼지속(Sus)은 유럽멧돼지종(S. scrofa scrofa), 말레이멧돼지종(S. scrofa vittatus), 집돼지종(Sus scrofa domesticus) 등으로 분류된다.

집돼지종(Sus scrofa domesticus)은 유럽멧돼지종과 말레이멧돼지종의 후손이거나 이들 간 잡종의 후손으로 알려져 있다. 집돼지는 가축이 되는 과정에서 여러 단계의 형질 변화를 겪어 왔는데, 가축화 초기에는 체형 왜소화, 털색 변화, 자기방어 능력 저하 등이 나타났다. 가축이 되는 과정에서 점차 봄과 가을에 번식하는 계절 번식성이 사라지고, 성숙 속도가 빨라지며, 복당 산주 수가 증가하는 등의 변화가 나타났다.

2

돼지
사육 현황

2.
돼지 사육 현황

1. 농업 생산액

  농업 등 축산업 분야에서 양돈산업이 차지하는 비중은 매우 크다. 2014년 축산업 총생산액은 18조 7,819억 원으로 농업 총생산액의 41.8%를 차지하였다. 양돈 총생산액은 6조 6,151억원으로 축산업 총생산액의 35.2%를 차지해 모든 축산업 중 선두를 고수하였다. 또한 2014년 양돈 총생산액은 2013년 대비 1조 6,056억 원 증가한 수치를 보였다(표1).

표 1 **농업 생산액**

(단위 : 억원)

구 분	2010년	2011년	2012년	2013년	2014년
농업 총생산액	416,774	413,582	443,003	446,088	449,168
축산업 총생산액	174,714	149,909	160,225	162,328	187,819
양돈 총생산액	53,227	45,446	53,482	50,095	66,151
축산업 대비(%)	30.5	30.3	33.4	30.9	35.2

자료 : 통계청, 「농림생산지수」

2. 돼지 사육 동향

국내 돼지 사육 두수는 국민소득 증대에 따른 육류 소비 증가로 점진적인 증가세를 보이고 있다. 2010년 말에 발생한 구제역의 여파로 2011년 6월에 650만 두까지 감소했다가 구제역 파동이 가라앉은 2011년 12월에는 817만 두로 증가하였다. 2013년 모돈 감축과 2014년 상반기에 발생한 PED(Porcine Epidemic Diarrhea, 돼지 유행성 설사)로 말미암아 2014년 12월 1,009만 두에 그쳤지만, 2015년 9월 현재 1,033만 두로 증가하였다.

사육 가구 수는 2006년 1만 1,309가구에서 2015년 9월 4,973가구로 급속히 감소하였다. 가구당 사육 두수는 2006년 830두에서 2015년 9월 2,079두로 증가하였다. 또한, 모돈 수는 2008년 91만 두로 감소한 이후 일정하게 유지되고 있다(표2).

표 2 **돼지 전체 사육 두수 현황**

(단위 : 천두, 천가구)

구분	2006년 12월	2008년 12월	2010년 12월	2012년 12월	2014년 12월	2015년 9월
총사육 두수	9,382	9,087	9,880	9,915	10,090	10,332
모돈 수	1,012	913	976	962	937	943
사육 가구 수	11.30	7.68	7.34	6.04	5.17	4.97
가구당 사육 두수	830	1,183	1,346	1,642	1,952	2,079

자료 : 대한양돈협회, 「통계자료」

좀 더 구체적으로 살펴보면, 2010년 기준 사육 규모별 가구 수에서는 1,000두 미만 사육 농가가 4,099호로 전체 7,347호 중 55.8%를 차지하고, 1,000~4,999두 사육 농가는 2,943호로 40.1%, 5,000~9,999두 사육 농가는 216호로 2.9%, 1만 두 이상 사육 농가는 89호로 1.2%를 차지했다. 2015년 9월 현재 1,000두 미만 사육 농가는 전체 4,973 사육 농가 중 2,123호로 42.7%, 1,000~4,999두 사육 농가는 2,457호로 49.4%를 차지하였고, 5,000~9,999두 사육 농가는 272호로 5.5%, 1만 두 이상의 사육 농가는 121호로 2.4%를 차지하고 있다. 이를 비교해 보면 1,000~5,000두 규모 농가가 가장 큰 비중으로 규모화가 되고, 5,000두 이상 규모 농가도 늘어나고 있음을 알 수 있다(표4).

표 3 **규모별 사육 두수** (단위 : 천두, %)

구분	사 육 두 수				
	계	1,000두 미만	1,000~4,999두	5,000~9,999두	1만 두 이상
2010년 12월	9,880 (100.0)	1,150 (11.6)	5,843 (59.1)	1,413 (14.3)	1,473 (14.9)
2011년 12월	8,170 (100.0)	1,015 (12.4)	4,833 (59.2)	1,166 (14.3)	1,155 (14.1)
2012년 12월	9,915 (100.0)	1,121 (11.3)	5,516 (55.6)	1,551 (15.6)	1,726 (17.4)
2013년 12월	9,912 (100.0)	973 (9.8)	5,504 (55.5)	1,659 (16.7)	1,775 (17.9)
2014년 12월	10,090 (100.0)	965 (9.6)	5,448 (54.0)	1,752 (17.4)	1,923 (19.1)
2015년 9월	10,332 (100.0)	955 (9.2)	5,448 (52.7)	1,820 (17.6)	2,108 (20.4)

자료 : 대한양돈협회, 「통계자료」

표 4 **사육 규모별 가구 수**

(단위 : 천가구, %)

구분	가 구 수				
	계	1,000두 미만	1,000~4,999두	5,000~9,999두	1만 두 이상
2010년 12월	7.35 (100.0)	4.10 (55.8)	2.94 (40.1)	0.22 (2.9)	0.09 (1.2)
2011년 12월	6.35 (100.0)	3.71 (58.4)	2.39 (37.6)	0.18 (2.8)	0.07 (1.2)
2012년 12월	6.04 (100.0)	3.08 (51.0)	2.62 (43.4)	0.23 (3.9)	0.10 (1.7)
2013년 12월	5.64 (100.0)	2.68 (47.6)	2.60 (46.2)	0.25 (4.4)	0.10 (1.8)
2014년 12월	5.18 (100.0)	2.30 (44.4)	2.51 (48.4)	0.26 (5.1)	0.11 (2.1)
2015년 9월	4.97 (100.0)	2.12 (42.7)	2.46 (49.4)	0.27 (5.5)	0.12 (2.4)

자료 : 대한양돈협회, 「통계자료」

3. 비육돈 생산비

2010년 24만 8,000원/100kg이었던 비육돈 생산비는 2011년에는 2010년 대비 22% 증가한 30만 2,000원이었다. 이는 바이오 에탄올 에너지 정책으로 곡물 가격이 급등함에 따라 사료비가 올랐기 때문으로 사료된다. 2012년부터는 조금씩 감소하여 2014년 12월 비육돈 생산비는 27만6,000원/100kg이었다(표5).

표 5	비육돈 생산비				(단위 : 천원/100kg)
구분	계	1,000두 미만	1,000~1,999두	2,000~2,999두	3,000두 이상
2010년	248	267	259	256	234
2011년	302	336	295	283	303
2012년	294	333	288	297	286
2013년	290	306	315	286	279
2014년	276	315	290	269	266

자료 : 통계청, 「축산물 생산비 조사」

4. 돼지고기 수급 동향

2014년 돼지고기 생산량은 2013년 모돈 감축의 영향으로 전
년의 85만 4,000톤보다 3.1% 감소한 82만 7,000톤이었다. 또한
2014년 돼지고기 수입량은 국내 돼지고기 생산량 감소와 가격 상
승으로 전년 18만 5,000톤보다 48.1% 증가한 27만 4,000톤이었
다. 돼지고기 1인당 소비량은 2012년부터 꾸준히 증가하여 2014년
22.2kg이었다(표6).

돼지고기 수입량은 2010년 말에 발생한 구제역의 여파로 2011
년 37만 400톤으로 급증했다가 2013년에 평년 수준으로 감소하
였다. 2014년 국가별 돼지고기 수입 비중은 미국이 전체 수입량
의 35.8%를 차지하고 다음으로 독일 19.1%, 칠레 6.7%, 오스트

리아 5.1%, 캐나다 4.4% 순을 보였다(표7).

돼지고기 수급 동향

(단위 : 천톤)

구분		2010년	2011년	2012년	2013년	2014년
공급	전년 이월	48.0	47.9	55.2	120.0	109.5
	생산	761.1	575.6	749.7	853.8	827.1
	수입	179.5	370.4	275.2	185.0	273.9
	소계	988.6	993.9	1,080.1	1,158.8	1,210.5
소비	소비	940.2	938.2	958.8	1,047.5	1,117.6
	수출	0.5	0.5	1.3	1.8	1.7
	차년 이월	47.9	55.2	120.0	109.5	91.2
	소계	988.6	993.9	1,080.1	1,158.8	1,210.5
1인당 소비량(kg)		19.2	18.8	19.2	20.9	22.2

주 : 2014년은 추정치
자료 : 한국농촌경제연구원, 「돼지고기 수급 동향」

표 7 **우리나라의 국가별 돼지고기 수입량**

(단위 : 천톤)

구분	미국	독일	칠레	캐나다	네덜란드	오스트리아	프랑스	총 수입량
2010년	51.0	4.8	29.9	17.7	13.2	13.4	13.9	179.5
2011년	143.0	27.2	25.0	47.6	18.9	17.9	16.5	370.4
2012년	111.7	33.1	27.5	23.0	14.0	12.0	11.4	275.2
2013년	75.7	24.6	19.5	10.4	8.6	8.4	6.4	185.0
2014년	84.3	45.0	15.7	10.4	8.5	12.1	9.9	235.9

주 : 2014년은 11월까지 실적
자료 : 한국농촌경제연구원, 「돼지고기 수입량」

5. 돼지고기 가격 동향

    2014년 상반기에 발생한 PED(Porcine Epidemic Diarrhea, 돼지 유행성 설사)로 말미암은 도축 두수 감소와 지속적인 수요 증가로, 2014년 돼지도체 kg당 평균 경락가격은 전년 대비 1,086원 상승한 4,656원이었다(표8).

표 8   돼지도체(탕박) 육질·규격별 평균 경락가격(전국)   (단위 : 원/kg)

구분		2010년	2011년	2012년	2013년	2014년
육질등급	1+	4,220	5,899	4,216	3,923	4,923
	1	4,065	5,990	4,082	3,581	4,807
	2	3,691	5,570	3,811	3,454	4,593
	3	2,852	4,837	–	–	–
규격등급	A	4,164	6,073	4,151	3,484	–
	B	3,998	5,928	4,014	3,350	–
	C	3,803	5,566	3,811	3,117	–
	D	3,368	5,452	–	–	–
등외		1,945	3,748	2,561	2,249	3,382
평균		3,891	5,808	3,974	3,570	3,570

주 : 2011년 6월 1일 육질 3등급 폐지
    2013년 7월 1일 육질, 규격 등급이 1+, 1, 2, 등외 등급으로 통합
자료 : 축산유통종합정보센터, 「축산물 등급 판정 통계」

6. 세계 돼지 생산두수

세계 돼지 생산두수는 중국, EU, 미국, 브라질, 러시아 순으로 많았다. 2014년 기준 중국의 돼지 생산두수는 729,927천 두였다. 2014년 기준 우리나라는 16,812천 두로 세계 돼지 생산두수의 1.31%로 세계 9위를 차지했다(표9).

표 9 **세계 돼지 생산두수**

(단위 : 천두)

구 분	2010년	2011년	2012년	2013년	2014년
중국	665,261	670,196	707,427	720,971	729,927
EU-28	263,076	264,655	257,600	256,700	261,750
미국	113,685	115,838	116,791	116,410	114,856
브라질	36,970	37,750	37,700	37,900	38,470
러시아	29,472	30,650	34,500	36,175	37,000
캐나다	28,613	28,500	28,346	27,390	27,078
일본	17,500	17,000	17,250	17,350	17,050
멕시코	16,200	16,350	16,500	16,850	17,600
우크라이나	8,176	8,109	8,538	9,163	9,527
호주	4,604	4,659	4,581	4,779	4,985
벨라루스	5,025	5,075	5,275	5,000	4,850
계	1,188,582	1,198,782	1,234,508	1,248,688	1,263,093
한국	14,923	13,308	16,340	16,953	16,812
총계	1,203,505	1,212,090	1,250,848	1,250,848	1,279,905

자료 : USA/FAS PSD Oline, www.fas.gov/psdonline/psdQuery.aspx

7. 세계 돼지 도축두수

세계 돼지 도축두수는 2014년 기준 중국이 735,100천 두로 가장 많았고, 그다음은 EU, 미국, 브라질, 러시아 순을 보였다. 2014년 기준 우리나라 돼지 도축두수는 15,686천 두로 세계 9위였고, 세계 돼지 도축두수의 1.25%를 차지하였다(표10).

표 10 세계 돼지 도축두수

(단위 : 천두)

구 분	2010년	2011년	2012년	2013년	2014년
중국	666,864	663,621	697,895	719,605	735,100
EU-28	255,333	259,084	252,846	251,100	252,865
미국	110,260	110,860	113,163	112,127	106,876
브라질	34,294	34,862	36,258	36,430	36,800
러시아	28,359	29,603	31,500	34,000	34,750
캐나다	21,296	21,262	21,283	20,929	20,498
일본	16,807	16,395	16,776	16,936	16,230
멕시코	15,400	15,313	15,517	15,694	16,820
우크라이나	7,121	8,137	7,941	8,450	9,154
호주	4,617	4,663	4,728	4,777	4,775
벨라루스	4,548	4,550	4,604	4,950	4,600
계	1,164,899	1,168,350	1,202,511	1,224,998	1,238,441
한국	14,629	10,817	14,040	16,359	15,686
총계	1,179,528	1,179,167	1,216,551	1,241,357	1,254,127

자료 : USA/FAS PSD Oline, www.fas.gov/psdonline/psdQuery.aspx

3
돼지의
품종과
개량

3.
돼지의 품종과 개량

1. 주요 품종과 특성

(1) 한국종(Korean Native pig)

약 2,000년 전부터 야생에서 방목되어 온 만주종 중 소형 종이 유입되어 사육되어 왔으며, 조선 말기까지는 그 형태가 유지된 것으로 추정하고 있다.

한국 재래 돼지의 특징은 털이 흑색이고, 주둥이는 길며, 큰 눈과 직립한 귀를 가지고 있다. 산자 수는 6~10두이고, 유두 수는 10~12개로 육질이 우수하며, 조방 사육에 적합하다. 성장도가 낮아 경제성은 떨어지지만 고기 맛이 좋다는 장점이 있다. 그러나 1910년대 이후 도입된 버크셔 종과 재래돼지 간의 무분별한 교잡이 진행되어 현재 토종 한국 재래 돼지는 매우 희귀한 실정이다.

(2) 영국 종

가. 대요크셔 종(Large Yorkshire)

영국 요크셔 지방 및 그 부근 서포크(Suffolk) 지방과 란캔셔 (Lancanshire) 지방이 원산지이고, 1885년에 등록되었으며, 우리나라에는 1903년에 들어왔다.

백색의 대형 돼지로 두부는 길고 얼굴은 곧다. 귀는 길고 얇으며 앞을 향해 직립한 것이 특징이다. 성숙한 수컷은 체중이 약 370kg, 암컷은 약 340kg으로 발육 속도가 빠르고 사료 효율이 좋다. 한 배 평균 산자 수는 10~12두로 번식력과 포유력 또한 우수한 품종으로 알려져 있다. F1 모논을 생산하는 노계 라인으로 활용되고 있으며, 우리나라에서도 해마다 사육 두수가 증가하고 있다.

나. 중요크셔 종(Middle Yorkshire, Middle White)

중요크셔 종의 원산지는 영국 요크셔 지방이다.

몸통 길이에 비해 몸 폭이 넓고, 사지는 비교적 짧다. 성숙한 수컷은 체중이 약 250kg, 암컷은 약 200kg이다. 성질은 온순하여 사양 관리가 쉽고 체질 또한 강건하다. 한 배 평균 산자 수는 9~10두이고, 육질이 우수하여 육질 개선용으로 많이 이용된다.

다. 버크셔 종(Berkshire)

영국 서부 버크셔 월트셔 지방이 원산지이고, 우리나라에는 1905년에 들어왔으며, 한때 재래 돼지를 개량하기 위한 누진 교배용으로 이용되기도 했다.

버크셔 종은 피부와 피모가 전부 검은색이지만 얼굴, 네 다리 끝,

꼬리 끝 등 6곳이 흰색으로 되어 있어 육백이라고 불린다. 체중은 성숙한 수컷이 약 225kg, 암컷은 약 200kg이며, 한 배 평균 산자 수는 8~9두로 평균에 못 미친다. 조사료의 이용성이 우수하고, 육질은 섬유질이 많고 부드러워 정육용으로 높이 평가되고 있다. 잡종 생산을 통한 육질 개량을 할 때 부계로 많이 이용되고 있다.

(3) 유럽 종

가. 랜드레이스 종(Landrace)

덴마크가 원산지이고 대형 백색종이다. 19~20세기 초에 걸쳐서 덴마크 재래종과 대요크서 종의 교잡군을 기초로 후대 검정을 통해 산육 능력이 우수한 랜드레이스 종이 만들어졌으며, 우리나라에는 1962년 도입되었다.

랜드레이스 종은 두부는 작고, 귀는 크고 전방으로 늘어져 얼굴면을 덮는 하수형이다. 체중은 성숙한 수컷이 300~330kg 정도로 번식력이 좋고, 특히 비육 능력이 우수하다. 한 배 평균 산자 수는 12두 정도로 높아 요크서(Yorkshire) 종과 함께 모계 라인으로 많이 활용되고 있다.

나. 독일 개량종(German Landrace)

독일 개량종은 독일 재래종을 요크서 종과 랜드레이스 종으로 개량한 품종으로 독일에 등록된 돼지 중 60%를 차지하고 있다.

털은 흰색이고 체형은 대요크서 종과 유사하지만 조금 작다. 귀는 전방으로 늘어지고 얼굴은 랜드레이스 종과 닮았다. 발육 속도가 양호하고 사료 이용성이 우수하며, 한 배 평균 산자 수는 11.5두이다.

다. 피어트레인 종(Pietrain)

벨기에 브라밴드(Brabant) 지방의 피어트레인(Pietrain) 마을 주변이 원산지로 털이 회백색이고 암흑색 반점이 있다.

귀는 느슨하게 앞으로 치우쳐 있고 몸통은 짧으며, 등의 폭이 넓다. 성숙한 수컷은 체중이 280kg, 암컷은 240kg 정도이다. 붉은 고기 비율이 매우 높아 살코기 생산을 위해 활용되어 유럽에서 인기가 높았다. 하지만 발육 속도가 느리고, PSE(pale, soft, exudative) 돈육의 발생률이 높아 한때 사육 두수가 감소하기도 하였다. 그러나 최근 붉은 고기 비율이 높다는 장점으로 독일, 프랑스 등에서 다시 사육 두수가 증가하는 추세이다.

(4) 북미대륙 종

가. 듀록 종(Duroc)

미국 뉴저지 주(New Jersey)와 뉴욕 주(New York)가 원산지이고, 우리나라에는 1950년 초에 도입되었다.

털은 적갈색인데 농도에 따라 검은색, 갈색, 붉은색 등 다양하다. 두부는 작고 귀는 앞으로 직립해 있으며 2/3가 앞으로 처져 있다. 체중은 성숙한 수컷이 380kg, 암컷은 300kg 정도로 대형이다. 체질이 강건하고 특히 추위에 강하며 지체가 튼튼하다. 목초와 조사료 이용성이 우수하여 방목하기에 적합한 종이다. 한 배 평균 산자 수는 10두로 번식력과 포유 능력은 중간 정도이지만 일당 증체량과 사료 이용성이 우수하여 국내에서는 비육돈 생산용 부계로 많이 이용되고 있다.

나. 햄프셔 종(Hampshire)

미국 북부 켄터키 주가 원산지인 햄프셔 종은 우리나라에 1950년대 후반에 도입되었다.

털은 대부분 검은색이지만 어깨부터 앞다리에 걸쳐 흰 띠가 있으며, 귀는 작고 직립해 있다. 체중은 성숙한 수컷이 약 300kg, 암컷은 약 250kg이며, 한 배 평균 산자 수는 10두이다. 국내에서 비육돈 생산용 부계로 이용되어 왔지만, 최근에는 육성률이 낮고 성질이 난폭해 사육 두수가 감소하고 있다.

다. 폴란드 차이나 종(Poland China)

미국 오하이오 주가 원산지인 폴란드 차이나 종은 초기에는 라드형으로 생산되었지만 근래에 와서 육용형으로 개량되었다.

폴란드 차이나 종은 털은 버크셔 종과 같은 검은색에 6개 흰색으로 구성되어 있으며, 귀는 중간 정도에서 앞쪽으로 늘어져 있다. 체중은 성숙한 수컷이 약 300kg, 암컷이 약 250kg이고 한 배 평균 산자 수는 7~9두이다.

라. 체스터 화이트 종(Chester White)

체스터 화이트 종은 미국에서 가장 오래된 품종으로, 미국 펜실베이니아 주 체스터 지방이 원산지이다.

털은 흰색이며, 얼굴은 조금 길고 귀는 두부에서 약간 내려온 반수형이다. 체중은 성숙한 수컷이 약 330kg, 암컷은 약 250kg이며, 산자 수와 발육 성적이 양호하여 비육돈을 생산할 때 모계로 많이 이용되고 있다.

(5) 아시아 종

가. 태호 돈(Taihu pig, Meishan pig)

중국 태호 유역이 주요 산지이고, 우리나라와 외국에서는 매산 돈으로 알려진 품종이다. 태호 돈은 매산 돈, 이화검 돈, 풍경 돈, 가호 흑돈, 횡경 돈, 미 돈, 소조두 돈 등 여러 품종을 합쳐서 총칭한 것이다.

태호 돈 중 매산 돈은 골격이 튼튼하고 사지의 끝은 흰색이고, 유두의 수는 대부분 16~18개이다. 성숙한 수컷과 암컷의 평균 체중은 매산 돈이 약 190kg, 약 170kg이고, 풍경 돈은 약 150kg, 약 125kg 이며, 이화검 돈은 약 152kg, 약 124kg이다. 태호 돈은 전 세계 품종 중에 산자 수가 가장 많아 번식력에 대한 유전자 연구가 활발하다. 한 배 평균 산자 수는 매산 돈 15.6두, 풍경 돈 16.4두, 횡경 돈 14.3두, 이화검 돈 15.9두, 미 돈 14.6두, 가호 흑돈 15.6두로 다산이다. 하지만 산자 수가 많음에 따라 자돈의 생시 체중이 800g 정도로 낮아, 포유 기간에 폐사율이 높다는 단점이 있다.

나. 금화 돈(Jinhua Pig)

금화 돈은 중국 저장성 금화 지구가 원산지이다.

금화 돈은 체형이 중형에 가깝고 귀는 중간 크기로 늘어져 있으며, 복부는 아래로 처져 있다. 털은 흰색이고 머리, 목, 엉덩이, 꼬리는 검은색으로 양두조 또는 금화 양두조 돼지라고도 불린다. 한 배 평균 산자 수는 10~14두이며, 육질이 매우 우수한 품종이다.

2. 돼지의 개량

1 돼지 육종의 원리

(1) 육종 통계의 기본 원리

가축 개체들이 속해 있는 집단, 축군, 또는 농장에 대하여 어느 특정 경제 형질의 능력 수준을 개체별 수치로 표현하면 대체적으로 정규 분포를 보인다. 다른 말로 표현하면 평균 능력을 지닌 개체의 숫자가 가장 많고, 평균보다 높은 능력의 개체 숫자와 평균보다 낮은 능력의 개체 숫자가 비슷한 분포를 나타내고 있는 것이다. 정규 분포의 상태에서 평균보다 일정하게 우수한 능력을 지닌 개체의 숫자는 항상 일정한 비율을 이루고 있다는 사실이 통계를 이용한 육종의 기본 원리인 것이다. 즉, 통계적으로 평균 능력보다 표준편차두 배 범위 안에 속하는 개체는 전체의 95.7%인 것이다.

가축 육종이란 이러한 상위 순위에 있는 개체들을 선발하여 앞 세대의 개체보다 우수한 능력을 지닌 후손을 생산하는 과정이다. 종 돈에 대한 경제 형질의 측정치(예=일당 증체중)는 크게 세 가지의 구성 성분을 합산한 수치이다. 즉,

측정치(P) = 검정 돈군 평균(μ) + 유전적 가치(G) + 환경 가치(E)

유전적 가치는 다시 세 가지 성분으로 구성되는데 아래와 같다.

유전적 가치(G) = 육종가(A) + 유전자 좌위 내 상호 가치(D)
+ 유전자 좌위 간 상호 가치(I)

따라서 측정치는 모두 5개 성분으로 구성되어 있다.

$$P = \mu + A + D + I + E$$

통계 육종에서 유전적 가치는 수십 개 이상의 유전자 좌위 (Locus)의 유전적 역할에 의하여 결정된다고 보는데 유전자 좌위 1개 내 유전자 간의 상호 작용 가치(D)와 유전자 좌위 2개 이상의 상호 작용 가치(I)는 다음 세대로 전달되지 않는다. 따라서 5가지 구성 요인 중 부모에게서 다음 세대로 전달되는 순수한 유전 능력은 육종가(A)뿐이다.

따라서 육종가(A)란 다음과 같이 규정할 수 있다.

① 어느 형질의 순전한 유전적인 가치

② 다음 세대에 전달되는 순전한 유전적 능력

③ 어느 특정 개체의 후손의 평균 능력과 수많은 다른 개체들의 후손
   의 평균 능력의 차이

현재의 검정 성적 평가 방법은 종돈 개체의 경제 형질 측정치에 유전적 가치(G)와 환경 가치(E) 두 가지를 합한 수치로 여러 마리를 비교하여 평가하는 것이다.

따라서 순수한 육종가(A)만으로 평가하는 방법보다는 현재의 평가 방법이 정확도는 상당히 떨어지는 것이다.

현실적으로 육종가를 계산할 때 측정치와 그 구성 성분치를 통계적 분산으로는 아래와 같이 표현한다.

$$\sigma P^2 = \sigma A^2 + \sigma D^2 + \sigma I^2 + \sigma E^2$$

육종가 분산(σA^2)의 측정치 분산(σP^2)에 대한 비율을 유전력(Heritability)이라고 하며 0에서 1까지 범위 내의 수치로 표현하는 것이다. 육종가(A)의 정의가 「부모가 자기의 우수한 능력을 다른 부모의 후손에게 전달하는 것보다 얼마나 차이나게 후손에게 전달할 수 있는가를 표현하는 수치」라고 한다면 유전력(h^2)이란 「후손이 부모로부터 전달받은 능력의 측정치에 대한 비율의 표현」으로서 육종가가 높을수록 또한 유전력이 높을수록 부모의 유전적 영향이 크다는 것을 의미한다.

표 1 **돼지의 주요 경제 형질의 유전력 범위**

형 질	유전력(%)	형 질	유전력(%)
복당 산자 수	5~15	체형 평점	30~40
복당 이유 두수	5~15	유두 수	30~40
21일령 복당 체중	15~25	등지방 두께	40~55
이유 시 체중	10~20	도체율	25~35
일당 증체량	20~30	배장근 단면적	45~55
사료 요구율	25~30	햄의 퍼센트	40~50
체 장	50~60	린컷의 퍼센트	35~45

표 2 **돼지의 주요 경제 형질 간의 유전 상관**

형질	사료 효율	등지방 두께	
105kg 도달 일령	.60	−.25	
일당 증체량	−.60	.25	
사료 효율		.30	
형질	복당 생시 체중	이유 두수	복당 21일령 체중
복당 산자 수	.65	.71	.48
복당 생시 체중		.67	.69
이유 두수			.93

(2) 유전적 개량을 결정하는 요인

한 축군 내에서 유전적 개량 정도(R)는 다음과 같은 두 가지 요
인으로 결정된다. 첫째, 유전력, 둘째, 부모의 축군 전체 평균보다
우수한 정도(S)이다. 등지방 두께의 유전력은 0.5이고, 만일 어느
농장 전체의 평균 등지방 두께가 20mm, 선발된 모돈은 18mm, 웅돈

은 16㎜라고 한다면, 부모의 축군 전체 평균보다 우수한 정도(S)는 20㎜-(16+18)÷2=3㎜가 된다. 따라서 자돈의 유전력 개량 정도는 1.5㎜가 되어 자돈의 평균 등지방 두께는 18.5㎜가 되는 것이다.

$$유전적\ 개량\ 정도(R) = h^2 \times S$$
$$= 0.5 \times 3 = 1.5㎜$$

선발된 암, 수퇘지의 유전적 능력과 평균 능력의 차이(S)는 또한 얼마나 많은 종돈 가운데에서 선발하였는가를 나타내는 선발 강도(i)와 특정 경제 형질의 분산 정도(σP^2)에 의해 좌우된다.

$$S = i \times \sigma P$$

따라서 유전적 개량 정도(R)는 유전력, 선발 강도, 형질의 분산 정도라는 3개 요인에 의해 결정된다고 말할 수 있다.

$$R = h^2 \times i \times \sigma P$$

유전력이 나타내는 또 하나의 표현은 어느 개체의 1회 측정치에 대한 정확도(Accuracy)이다. 측정치의 정확도라고 하는 것은 측정한 육종가가 실제로 개체가 가지고 있는 육종가와 얼마나 근접한지를 나타내는 것으로 r_{AA}로 표현한다. 어느 개체의 1회 측정치에 대한 경제 형질의 정확도는 유전력의 자승근이다.

$$r_{AA} = \sqrt{h^2} = h$$

또한 유전적 개량 정도(R)를 세대 간격(L)으로 나누면 1년간에 개량한 양으로 나타낼 수 있다. 세대 간격이란 모돈이 자돈을 생산하여 그 자돈이 성장한 후 다시 자돈을 생산하기까지의 기간을 말한다. 따라서 연간 유전적 개량 정도(R)는 모두 다섯 가지 요인에 의해 결정되는데 그 산술적 공식은 아래와 같다.

$$R = r_{AA} \times h \times \sigma P \div L$$

이것을 말로 표현하면,
연간 유전적 개량 정도(R) = ① 우수 종돈 선발의 정확도
                 × ② 선발 강도
                 × ③ 유전력의 크기
                 × ④ 형질의 표준편차
                 ÷ ⑤ 세대 간격

위의 5가지 요인 중 ③ 유전력 ④ 형질의 표준편차 ⑤ 세대 간격은 종돈장에서는 변화시킬 수 없는 요인이고, 나머지 두 가지 요인이 종돈 개량의 경쟁력을 결정한다.

먼저 ① 우수 종돈 선발의 정확도라고 하는 것은 검정한 돼지 중에서 실제로 우수한 종돈을 가장 우수하다고 선발하는 정확한 정도를 표현하는 것이다.

이 정확도를 결정하는 요인은 검정 방법, 검정 두수 등이 있으나 가장 중요한 요인은 검정 결과의 통계적 분석 방법이라고 할 수 있다. 또한 ② 선발 강도는 한 마리를 선발하기 위하여 얼마나 많은 돼지를 검정하였는가를 의미한다.

(3) 성취 가능 최대 유전적 개량도

이론적으로 최대한 성취할 수 있는 연간 유전적 개량 정도는 핵돈군 내에서 성장 형질의 경우 연간 2%, 번식 형질의 경우 5%이다. 그러나 현실적으로 한 국가 전체의 최대 유전적 개량도는 1% 수준이다.

2 종돈 육종의 방법

(1) 종돈 개량의 순서

종돈을 육종하기 위해서는 다음과 같은 3단계의 유전 능력 비교 검정과 적용이 필요하다.

① 동일한 축군(농장, 국가) 내 품종별 개체의 능력 검정

② 동일한 품종의 다른 축군(농장, 국가) 간의 능력 비교를 통하여 자기보다 우수한 유전자를 도입

③ 품종 간의 교배를 통하여 잡종 강세의 효과를 최대한 적용

현재 국내에서 시행하고 있는 농장 검정은 ①의 동일 축군 내에서의 개체 능력 검정이고, 검정소 검정은 ②의 각 농장 간의 개체별 능력 비교 검정이다. 또한 비육돈 생산 시 3품종 교배 방식은 ③의 품종 간의 교배를 통한 잡종 강세의 효과를 적용하는 것이다.

(2) 종돈 교배 방법

순종 교배

근친 교배는 동합접합체(Homozygote)를 증가시킬 수 있고, 이형접합체(Heterozygote)를 감소시킬 수 있으면서 강력한 유전(Prepotency)이 가능해진다는 장점이 있다. 하지만 성장률과 번식능력의 저하 현상이 일어나는 단점이 있다. 순종 교배 종류는 다음과 같다.

　① 교배 집단의 완전 폐쇄
　　• 혈연 갱신 교배
　　• 신품종 작품 교배
　　• 누진 교배
　② 교배 집단의 일부 개방

잡종 교배

잡종 교배는 혈연 관계가 없는 두 가지 이상의 품종을 상호보완적으로 교배하는 것으로, 그 자손은 산자 수, 성장률, 비유량 등 돼

지의 여러 형질에서 그 양친에 비해 우수한 능력을 나타내는 잡종 강세의 효과가 있다. 잡종 교배의 종류는 다음과 같다.

① 종료 교배

　• 혈연 갱신 교배

　• 신품종 작품 교배

② 윤환 교배

③ 종료 윤환 교배

표 3　순종, 1대 잡종, 3품종 교잡종 및 4품종 교잡종의 능력 비교

구분	순종	1대 잡종	3품종 교잡종	4품종 교잡종
출생 시 한 배 산자 수	100	101	111	113
8주령 시 한 배 산자 수	100	107	125	126
8주령 시 개체 체중	100	108	110	109
154일령 시 개체 체중	100	114	113	111
복당 돈육 생산량	100	122	141	140

순종의 능력 100 기준

표 4　교배 방법이 모돈 생산성에 미치는 영향

교잡 체계	부	모	후손	산자 수(두/연)	산자 수 증가율(%)
순종 교배	A	A	AA	20.0	100
이품종 교배	A	B	AB	21.2	106
교잡 모돈(F1)	A	AB	A(AB)	22.8	114
순종 부돈과 교잡 모돈 교배	A	BC	A(BC)	23.4	117
	B	AB	B(AB)	22.8	114
교잡 모돈과 교잡 부돈 교배	AB	AB	AB(AB)	22.8	114
	AB	CD	AB(CD)	23.4	117
퇴교배	A	A(AB)	A(A(AB))	21.4	107

(3) 종돈 개량의 목표

① 일당 살코기 증체량

② 사료 요구율

③ 정육률

④ 산자 수

⑤ 돈육 품질

지금까지 종돈의 개량은 일당 살코기 증체량을 늘리고 사료 요구율, 정육률 향상에 주력해 왔다. 그러나 이 방식은 이제 경제성으로 볼 때 한계에 도달하였다. 왜냐하면 등지방이 얇고 정육률이 높은 돼지는 맛이 없다는 소비자의 반발이 점차 드세어지고 있기 때문이다. 따라서 향후 종돈 개량의 주요 목표는 경제적으로 가장 중요한 산자 수 증가와 함께 고기 품질 향상이 될 것으로 사료된다.

(4) 종돈 개량의 구조

종돈 개량의 효과는 가장 우수한 농장에서 다음 농장으로 차례로 전달되어 결국 소비자에게 전달되는 과정을 거치게 된다. 가장 효율적인 전달 과정을 지닌 종돈 개량 구조는 피라미드 형태이다. 전통적인 피라미드 구조는 3단계를 이룬다. 이들은 핵돈군(Nucleus), 증식군(Multiplier herd), 번식군(Commercial herd)으로 불린다. 또 이들에 속한 종돈을 각각 원원종돈(Great Grand Parents = GGP), 원종돈(Grand Parents = GP), 번식돈(Parents Stocks = PS)이라고 부른다.

그림 1 종돈 개량 피라미드 구조

핵돈군(Nucleus)
원원종돈(Great Grand Parents = GGP)

증식군(Multiplier herd)
원종돈(Grand Parents = GP)

번식군(Commercial herd)
번식돈(Parents Stocks = PS)

　피라미드 형태 종돈 개량 구조를 구축하는 목적은 ① 유전적 개량을 효율적이고도 신속하게 전파하고 ② 위생적인 종돈을 공급하기 위한 체계를 확립하기 위해서이다.

　피라미드 구조를 가장 효율적으로 운영하기 위해서는 다음과 같은 세 가지 원칙을 지켜야 한다.

① 피라미드 구조 각 계층의 종돈의 이동은 반드시 아래로의 일방적 통행이어야 한다. 즉, 아래 계층에서 위로 올라갈 수는 없다. 왜냐하면 위 계층으로 올라갈수록 위생적으로 더욱 깨끗해지기 때문이다.

② 핵돈군에서 검정되어 선발된 가장 우수한 종돈은 반드시 우선적으로 핵돈군 내에서 사용되어야 한다. 가장 우수한 개체끼리 묶음으로써 가장 우수한 자손을 생산할 수 있기 때문이다.

③ 종돈 능력 검정 주체는 3개 계층을 동시에 검정할 수 있어야 한다. 또한 우수한 종돈을 이용해 인공수정센터를 함께 운용해야 한다.

(5) 종돈 개량의 속도

종돈의 유전적 개량 정도(R)에 못지않게 중요한 것은 핵돈군에서 개량된 유전적 우수 능력을 어떻게 하면 더 빨리 아래 계층으로 전달하는가이다.

이것을 유전적 시간 차이(Genetic Time Lag)라고 부른다. 4단계인 대규모 집단의 전통적인 피라미드 구조에서는 유전 개량 속도가 4.5년 소요되지만 3단계 구조에서는 3.5년, 나아가서 피라미드 종돈 개량 구조를 갖추고 인공수정센터를 동시에 운용하며 증식군, 번식군의 암퇘지에 인공수정센터가 가진 웅돈의 우수한 정액을 이용하게 되면 유전적 시간 차이는 2.5년으로 줄어들게 된다.

3 최신 종돈 개량 기법

(1) 첨단 통계 기법인 블럽(BLUP)

블럽(BLUP)이란 1960년대에 미국 아이오와 주립대학 헨더슨 박사에 의해 개발된 첨단 육종가 계산 통계 기법이다. 그러나 그 방법이 워낙 복잡하고 방대한 수학적 계산이 요구되기 때문에 컴퓨터가 대중화되기 전까지는 연구 목적 외에는 실제로 이용되지 못하였다. 그러나 1985년부터 캐나다에서 처음 국가적 종돈 육종 체계 구축에 사용되어 캐나다의 종돈 개량이 비약적인 발전을 거듭하면서 BLUP이 종돈 개량의 주요 도구로 부상하기 시작하였다. 캐나다의 1985

년 종돈 수출 두수가 2,941두에서 1994년 6만 8,505두로 10년 사이에 20배 이상 늘어난 것은 어느 정도 종돈 개량이 성공적이었는지를 잘 보여 주고 있다. 현재 세계적으로 유전공학기법 등이 많이 연구되고 있으나, 아직 종돈 개량에 BLUP이 가장 효율적인 기법으로 인정받고 있다.

경제 형질의 측정치에서 핵심 수치인 육종가(A)만을 계산하기 위하여 BLUP이 사용되는 것는 아니다. BLUP을 이용함으로써 공간과 시간을 달리하여 측정된 종돈들의 능력을 서로 비교할 수 있다는 것이다.

예를 들어, 종돈장 A와 종돈장 B가 각각 여름과 겨울에 일당 증체중을 측정한 1~4번의 4마리 종돈이 있다고 가정한다면, 과연 몇번 종돈이 가정 유전적으로 우수한 일당 증체중 능력을 가지고 있는 것일까? 그러나 엄밀한 의미에서 이 4마리의 종돈에 대한 절대적 비교는 불가능하다. 왜냐하면 농장 간에 시설과 사료와 관리인이 다르기 때문이고, 같은 농장이라고 하더라도 여름과 겨울의 온도 차이가 있기 때문이다. 따라서 종돈장 B의 3번 돼지의 일당 증체중이 1,000g이라고 해서 4마리 중 유전적으로 가장 우수하다고 할 수는 없는 것이다.

그러나 BLUP을 이용한다면, 또한 두 농장이 인공수정센터 등을 이용하여 서로 혈통이 동일한 수돼지를 사용한 실적이 있다고 한다면 위의 4마리 종돈에 대해 서로 유전적 능력의 우위를 비교하여 정확하게 우수 종돈을 선발할 수 있다. 그러므로 ① 농장 내의 돼지

간 비교는 물론 ② 농장 간의 유전 능력 비교가 가능한 것이다. 특히 한 농장의 시간을 뛰어넘는 육종가 비교가 가능해 ③ 특정 농장의 연도별 또는 분기별 유전적 개량 정도를 측정할 수 있는 장점이 있다. 또 BLUP의 장점은 혈통 관리만 된다면 ④ 자신의 검정 기록 외에 부모, 조부모의 능력이 분석되고 반영되어 육종가가 계산됨으로써 한층 더 정확한 육종가를 계산할 수 있을 뿐만 아니라 자신의 기록이 없더라도 부모의 육종가만 있어도 자신의 육종가 계산이 가능하다는 장점이 있다. 따라서 세계적 대규모 육종회사는 가축의 종류에 상관없이 모두 BLUP을 사용하고 있다.

(2) 마커 도움 선발(MAS)

돼지의 지놈(genome, 유전체)은 X, Y 염색체로 구성된 한 쌍의 성염색체와 18쌍의 상염색체로 구성되어 있으며, 이들 염색체는 3만~4만 개의 돼지 유전자를 구성하는 30억 개의 염기쌍으로 된 DNA를 포함하고 있다. 돼지는 부모로부터 성염색체를 제외한 모든 유전자에 대해 같거나 서로 다른 두 개의 유전자를 전달받는데, 이러한 차이에 의해 다른 단백질이 생산되거나 유전자의 선택적인 표현이 제어돼 능력에 변이가 생길 수 있다. 이들 효과는 개체 간의 양적 변이나 연속적 변이를 생성한다. 유전자 지도는 지놈의 유전자가 특정 부위에 위치한다는 것을 밝혀 주고, 형질 유전자의 위치를 알려 준다.

분자 유전학적 분석 기술의 발달로 돼지의 경제 형질에 영향을 미치는 유전자를 찾아서 개체 선발에 이용하면 개체의 능력을 조기에 판단할 수 있다. 이와 같이 돼지 능력 검정에 필요한 시간을 단축시킬 수 있다는 장점 때문에 1980년부터 마커 도움 선발(MAS, Marker Assisted Selection)이라는 이론과 연구가 시작되었고, 1990년대 들어 관련 연구가 크게 활발해졌다.

세계 종돈회사의 유전자 마커 이용 실태를 살펴보면, 세계 최대 종돈회사인 PIC와 미국 몬산토종돈(구 Dekalb)은 종돈 선발 시 100~200개 유전자 마커를 적용한다. 또한 미국종돈협회(NSR)와 캐나다순종돈협회(CSBA)는 기존의 PSS 유전자 마커 외에 2008년부터 육질 관련 유전자인 PRKAG3(육질 산도), CAST(육질 연도), 성장 및 도체 형질 관련 유전자인 HMGAI(등지방 두께), MC4R(등지방 두께, 일당 증체중), CCKAR(사료 효율) 유전자 사용을 순종 회원 농가에 적용해 DNA 뱅크를 구축하기 시작했다. 또한 캐나다 종돈 개량 기관인 CCSI(Canadian Center for Swine Improvement)는 성장 속도와 등지방 두께의 형질을 부계로만 유전시켜 비육돈을 균일하게 해주는 IGF2 유전자 마커 이용을 적극 권장하고 있다.

마커 도움 선발(MAS)은 가축의 경제 형질에 영향을 주는 몇 개의 주 유전자(major gene)형을 파악해 선발에 이용할 수 있도록 개발되었다. 그러나 최근 유전자 분석 기술이 발전하고 비용이 저렴해지면서 마커 도움 선발(MAS)은 대량의 유전자를 스캔하여 다수의 유전자 마커를 분석하고, 이를 경제 형질 관련 대량의 데이터와 연계하여 분석해 지노믹(분자) 추정 육종가(G-EBV)를 계산하는 방법 중 하나가 되었다.

농가 현장에 적용할 경우, 기존의 표현형과 혈통 정보를 고려한 전통 다중 유전자 육종가와 지노믹 육종가를 동시에 고려한 선발지수는 다음과 같은 식으로 나타낼 수 있다.

개체 종합 육종가 = 전통 다중 유전자 육종가 + 지노믹 육종가

예를 들어, 돼지 농가 1번 개체의 일당 증체중의 전통 다중 유전사 육종가(polygenic EBV)가 0.10이고, 지노믹 육종가가 0.003이라고 한다면, 1번의 일당 증체중의 종합 육종가는 0.10 + 0.003 = 0.103이 된다. 따라서 기존의 선발지수에 적용할 때 일당 증체중 0.10 대신에 0.103을 사용함으로써 마커 도움 선발(MAS) 육종가의 효과를 추가할 수 있다.

4 계열화 육종 방법

(1) 우수 종돈 선발의 정확도 제고

① BLUP 방식 채용

현재의 개체 측정치는 표현형가(P)로서 유전적 가치(G)는 물론 환경 가치(E)도 혼재해 정확도가 떨어지므로 육종가(A)만을 계산해

낼 수 있는 BLUP 방식 평가 방법의 도입이 불가피하다. 현재 세계 유수 하이브리드 종돈회사는 모두가 BLUP 방식을 사용하고 있다.

따라서 검정돈 평가 시 검정 능력을 BLUP 통계 방식으로 형제부 모를 동시에 분석하여 후보돈의 능력 검정의 정확도를 높이는 한편, 동시에 사용 중인 종돈도 평가에서 도태함으로써 세대 간격을 줄여 유전적 개량을 극대화할 수 있다.

또한 현재의 검정돈에 사용하고 있는 측정치를 사용하여 계산하는 선발지수도 육종가를 사용하는 선발지수로 바꾸어야 하며 부계 및 모계용 지수 두 가지를 사용하여야 한다.

한편 한국에서의 종돈 검정 시 경제 형질의 경제적 가치는 아래와 같다.

표 5 **종돈 검정 시 경제 형질의 경제적 가치 비교(예)**

검정 형질	단위당 경제가치(원)	표준편차	표준편차 단위당 경제가치(원)	상대적 경제가치
포유 개시 산자 수(두)	29,900	0.26	7,774	32.0
3주령 복당 체중(kg)	5,795	1.10	1,165	4.8
사료 요구율	16,500	0.03	495	2.0
등지방 두께(mm)	15,788	0.02	315	1.3
일당 증체량(kg)	22,090	0.011	243	1.0

위의 표로 볼 때, 가장 경제적으로 중요한 형질은 번식 형질로 대표되는 산자 수와 3주령 복당 체중이다.

산육 형질은 번식 형질보다는 경제적 중요성이 훨씬 작다고 볼 수 있다. 즉, 산자 수보다 일당 중체량이 32배나 경제적으로 더 중요하다. 산육 형질 중에는 사료 요구율이 가장 중요하여 일당 증체중 형질보다 경제적으로 2배나 중요한 것이다. 한편 등지방 두께는 일당 증체중보다는 1.3배 더 중요하다.

② 최신 초음파 측정기 도입

우선, 측정치의 정확도를 확인해야 한다. 현재 등지방 두께는 단순한 초음파 측정기로 3개 지점을 측정하여 평균치로 결정하고 있다. 그러나 이 방법은 등지방의 제3층을 측정할 수 없으므로 정확도가 심한 경우 20%나 자이난나. 현새 미국에서 사용하고 있는 Real Time 초음파 측정기(일본 ALDKA 제품)는 등지방의 제3층을 정확히 측정할 수 있을 뿐만 아니라 등심 단면적을 측정할 수 있어 도체 후 정육률까지 추정할 수 있으므로 종돈 육종에 필수적인 기계로 부상하고 있다. 또한 3개 지점을 측정하지 않고 1개 지점만 측정하여도 한층 더 높은 정확도와 편이성을 확보할 수 있다.

③ 선발 강도 제고

선발 강도를 높이기 위해서는 가능한 한 많은 종돈을 검정하여야 한다. 검정 시설의 제한으로 2두씩 검정하는 방법 대신 돈방 단위로 그룹 검정을 병행함으로써 검정 두수를 극대화한다.

④ 세대 간격 단축

BLUP을 이용하여 사용 중 종돈 동시 평가 방식은 불량한 사용 종돈을 조기에 도태시킴으로써 세대 간격을 단축할 수 있다. 개체만의 능력 평가 방식보다 BLUP을 이용한 형제자매 및 친척의 능력을 감안한 평가 방식이 10년 동안에 세대 간격을 짧게는 1년 6개월, 길게는 1년 10개월까지 줄였다. 나아가 BLUP을 사용함으로써 태어나는 자돈의 육종가 추정이 가능하여 웅돈 사용 기간을 6개월~1년 단축하고 GGP 모돈도 1년만 사용하고 GP 모돈으로 기능을 바꿈으로써 세대 단축을 달성할 수 있었다.

4
돼지의 습성과 생리적 특성

4.
돼지의 습성과
생리적 특성

---

1. 습성

---

(1) 모돈은 육아에 서툴다

　① **분만 후 즉시 젖을 먹도록 챙기지 않는다**

　　갓 태어난 자돈은 스스로 털에 닿는 촉각으로 어미 젖을 찾고, 그
　　렇지 못하면 후각을 이용해 어두워도 어미 젖을 찾는다.

　② **새끼 돼지를 핥지 않는다**

　　포유동물의 모자 간 애정은 핥는 것으로 시작하는데 모돈은 그렇
　　지 않다.

　③ **젖은 자돈이 알아서 먹도록 한다**

　　다태동물의 일반적인 습성으로 자돈들 간에 경쟁을 벌여 먹도록
　　한다(평등하게 키우지 않는다).

　④ **어미로서 자돈 관리를 하지 않는다**

　　품어주는 것, 핥는 것, 곁에서 자는 것, 따라다니는 것 등을 하지 않는다.

(2) 장소의 구분

돼지는 겁이 많고, 먹는 장소, 노는 장소, 배설 장소를 구분한다. 포유 자돈이 있는 분만사의 경우에 젖을 먹이거나 사료를 먹는 장소, 잠자는 장소 등은 안락한 느낌을 주는 아주 밝지 않은 곳을 선택하고, 노는 장소는 밝은 장소를 고르는 동물이다.

습하거나, 안락하지 못하거나, 불편한 곳은 배설 장소로 사용한다.

다만, 돼지는 스트레스를 받는 환경에는 가지 않기 때문에 보온등이나 바닥 보일러 등으로 인해 너무 덥거나, 추운 장소는 돼지가 어떤 용도로도 사용하지 않는다.

분만사에서 빛과 어둠을 학습한 자돈은 자돈사, 비육사로 이동해도 그대로 한다.

(3) 행동의 특징

표 1 하루 중 차지하는 행동 시간의 비율

	생후~16일	17~30일령	체중 60kg	체중 80kg
섭취(포유)시간	16%	25%	14%	15%
휴식시간	74%	65%	80%	77%
음수, 배설, 놀이시간	10%	10%	6%	8%

휴식시간이 길기 때문에 편안한 휴식시간과 공간을 확보해 주는 것이 중요하다.

2. 생리적 특성

(1) 사회성이 있고, 번식 능력이 좋다

① 사회성이 있고, 자기 보호 본능이 있다

무리끼리 친근하고, 사람과도 친근하다.

② 겁이 많다

소리, 바람, 높이, 진동 등 주변 변화에 정서적, 신체적으로 스트레스를 쉽게 받는다. 소리도 70데시벨이 넘으면 번식 능력의 저하, 성장률의 저하 등으로 피해가 나타난다. 고주파 감지 능력이 사람보다 우수해 사람에게는 아무런 영향이 없는 소리일지라도 돼지에게는 스트레스를 줄 수 있다.

③ 미각, 후각이 발달되어 있다

후각이 발달되어 다양한 화학물질 등을 인지하는 능력이 뛰어나므로 냄새로 여러 가지를 구별할 수 있다.

미각도 돼지의 미뢰수는 15,000, 사람은 9,000 정도로 사람에 비해 훨씬 맛에 민감하다.

④ 서열을 만든다

무리가 지어지면 서열을 정하고, 그에 따라 행동한다.

⑤ 코와 아래턱을 이용한다.

코는 힘이 세어 땅을 팔 때 이용하며, 아래턱은 수저 역할을 한다.

⑥ 번식력이 좋다.

1회에 10~15두 정도의 자돈을 분만하고, 모돈은 이유를 하면 1주일 이내에 발정이 오고 임신이 가능하다. 연간 2~2.5회 분만을 하는 것이 일반적이다.

⑦ 시각

청색은 다른 색깔과 확실하게 구별할 수 있지만 녹색은 구별하지 못한다. 돼지는 색맹이므로 농장 작업복으로는 녹색이 적합하고 몰이판은 돼지에게 자극을 줄 수 있는 빨간색이 적합하다. 시력은 사람의 시력 검사법을 응용해서 조사한 결과 0.017~0.07 정도로 나타났다.

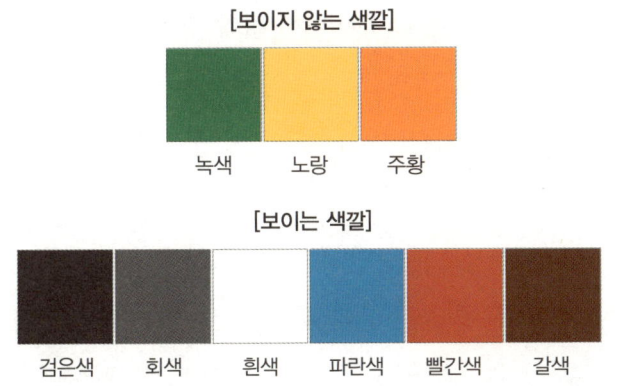

[보이지 않는 색깔]

녹색　　노랑　　주황

[보이는 색깔]

검은색　회색　흰색　파란색　빨간색　갈색

출처 : 도드람 길라잡이

(2) 성장 속도가 빠르다

표 2 동물별 성장 속도

구분	돼지	배율	말	소	양	산양
생시 체중	1~1.5kg					
1주간	2~3.0kg	약 2배				
3주간	4~6.0kg	약 4배				
4주간	8~12.0kg	약 8배	약 1.5배	약 2.0배	약 3.5배	약 4.0배
8주간	15~25.0kg	약 14배				

출처: 吉本正(麻布大學)

(3) 초유가 중요하다

① 초유를 빨리 먹여야 한다

초유에는 모돈이 겪은 질병에 대한 각종 면역 물질이 많이 함유되어 있다. 갓 태어난 자돈은 초유를 섭취하는 것으로만 질병에 대항할 수 있는 면역력을 가질 수 있기 때문에 충분한 초유를 조속히 섭취시켜야 한다.

초유 중의 면역 성분은 분만 후 시간이 지남에 따라서 양이 급격하게 줄어들기 때문에 같은 양의 젖을 먹더라도 시간이 지남에 따라서 면역 성분 섭취가 줄어들기 때문에 가장 일찍 많은 초유를 먹이는 것이 중요하다.

② 초유는 언제 먹일 것인가

초유 중에는 IgG를 중심으로 한 항체와 T임파구 등 면역세포와 면역과 관련된 성분이 있다. 초유 중에 IgG가 분비되는 시간이 한정되어 있고, 자돈의 장관이 IgG를 흡수할 수 있는 시간도 생후 짧은 시간에만 한정되어 있다. 과거에는 분만 후 24시간 이내 충분한 초유를 섭취시키는 것이 중요하다고 했는데, 최근 연구에서는 분만 후 12시간 혹은 그보다 더 이른 시간에 초유 면역 성분을 많이 섭취시켜야 한다고 결론을 내린 것이 많다.

3) 이행 면역과 양자

모돈에서 자돈으로 이행하는 면역 물질에는 항체(체액성 면역)뿐 아니라 T임파구 등(세포성 면역체)도 있다. 이들이 함께 자돈의 질병 방어에 중요한 역할을 한다. 항체는 자기가 분만한 자돈이 아니더라도 초유를 섭취하면 자돈에 흡수되어 이행되지만, 세포성 면역은 직접 자기가 분만한 자돈에게만 이행된다.

(4) 온도가 성장 속도와 질병 예방에 중요하다

관리자는 자신이 느끼는 온도가 아니라 돼지의 눈높이에서 그리고 돼지가 누워서 자는 바닥에서 느끼는 온도로 관리해야 한다.

표 3 **돼지의 적정 온도**

체중	0~3	4~7	8~14	15~35	35~60	성돈
적정 온도 (℃)	35~30	30~28	28~24	26~20	20~16	16~20

표 4 성장 단계별 돼지의 체온과 호흡 수, 심장박동 수

성장 단계	적정 체온(℃)	호흡 수(회/분)	심장박동 수(회/분)
신생 자돈	39.5	50~80	200~500
6~8kg	39~40	27~53	151~186
20~25kg	38.8	23~66	71~111
60~90kg	38~39.5	30~90	70~110
성돈	37.5~38.8	8~18	70~110

표 5 모돈의 분만 단계별 체온 및 호흡 수

단계	적정 체온(℃)	호흡 수(분당)	맥박 수(분당)
임신 기간	38.7	13~18	
분만 24시간 전	38.7	35~45	
분만 12시간 전	38.9	75~85	
분만 6시간 전	39	95~105	
최초 자돈 분만 시	39.4	35~45	70~80
분만 12시간 후	39.7	20~30	
분만 24시간 후	40	15~22	
분만 1주일 후~이유까지	39.3	15~22	
이유 1일 후	38.6	15~22	

표 6 열량지수[온도(℃) × 습도(%)]가 가축에게 미치는 영향

열량지수	가축에게 미치는 영향
2,300	위험(열사병으로 죽을 확률이 큼)
1,800~2,300	더위 대책이 필요(개구 호흡이 일어남)
1,300~1,800	더위를 탐
900~1,300	쾌적한 느낌
500~900	약간 추운 느낌
300~500	보온 대책이 필요(병에 걸리기 쉬움)
150 이하	위험(체온 유지 불가능)

구분 체중	봄·가을		여름		겨울		비고
	사료	음수량	사료	음수량	사료	음수량	
25kg	1.5kg	2.6ℓ	1.4kg	4.2ℓ	1.6kg	1.8ℓ	돼지의 품종, 사양 관리 방법, 환경 조건에 따라 다소 차이가 있음
45kg	2	2.1	1.8	5.6	2.5	2.3	
68kg	2.3	2.6	2.2	6.9	2.8	2.6	
90kg	2.8	2.9	2.4	8.8	3	2.9	
135kg	2.3	2.8	2.5	10.4	3.4	3	
180kg	2.5	2.8	2.4	9.2	2.8	3	

표 7   돼지의 계정별 음수량 변화

① 더운 환경

일반적으로 돼지 크기에 따라서 환경 온도가 25~30℃ 이상이 되면 돼지는 체온 상승이 시작되고, 더위로 인한 생리적 스트레스로 사료 섭취가 줄어드는 등의 문제가 발생한다. 돼지는 땀샘이 발달되어 있지 않아서 호흡으로 체내에 축적된 열을 배출한다. 고온다습한 환경에서는 이것이 불가능해지기 때문에 열사병에 걸리기도 한다.

② 추운 환경

자돈은 피부와 지방층이 얇고, 체온 조절 기능이 발달되지 않아서 적정 온도 이하에서는 체온이 급격하게 내려가 위축, 폐사에 이르기도 한다. 육성, 비육돈의 경우도 추운 환경에서는 열 손실로 인해 위축되고, 임신돈은 심한 추위에 노출되면 유산, 사산 등의 문제를 일으키기도 한다.

추운 환경은 온도계가 나타내는 숫자뿐 아니라 바람에 의해 돼지가 느끼는 체감온도도 감안해야 한다. 더운 환경에서는 바람을 이용하여 체감온도를 낮추기도 하지만, 적정온도 이하에서는 바람으로 체감온도가 떨어져 문제를 더 악화시키기도 한다.

(5) 이동 스트레스에 약하다

돼지는 무리생활을 하며 서열에 따라서 움직이는 사회적인 동물이다. 그룹을 짓게 되면 처음에는 서열을 정하기 위한 싸움으로 심한 스트레스를 받게 되고, 무리에서 떨어지게 되어도 외로움, 무서움 등으로 스트레스를 받아 세포성 면역 능력이 저하된다고 알려져 있다.

이런 스트레스는 사료 섭취 저하 등으로 이어지기도 하며, 심한 경우엔 20일 정도 면역력이 저하되기도 한다.

이동을 하게 되면 온도 및 주변 환경의 변화, 서열을 다시 정하는 등의 문제로 심한 스트레스를 받게 된다.

(6) 돼지는 영리하다

돼지는 지능지수(IQ)가 60~70 정도로 사람들이 생각하는 것보다 영리하다. 침팬지와 비슷하고, 개보다는 높다.

일반적으로 이해력 등은 사람 3~4살 나이에 비유되기도 한다,

(1) 분만은 큰 스트레스다

분만은 엄청난 피로감을 주고, 생리적 변화 등 엄청난 변화의 스트레스를 준다.

이런 피로 등으로 사료나 물을 잘 섭취하지도 않고, 일어나지도 않으려 한다. 또한, 분만으로 인해 체온은 상승하게 된다.

이런 변화를 적절하게 관리하지 못하면 산욕열, 기립 불능, 젖 분비 불량으로 이어질 수 있다.

(2) 더위에 약하다

① 수정란이 착상되지 않는다

교배 후 14일 정도까지는 30℃ 이상의 열을 받으면 착상이 되지 않거나 태아가 조기에 사멸하여 수태율이 저하되고 산자 수가 감소하게 된다.

② 젖 분비량이 줄거나 유질이 나빠진다

모돈처럼 체중이 150kg 이상인 돼지는 체열을 배출하지 못하면 심한 스트레스를 받아 사료 섭취량의 저하, 생리적 불균형으로 젖 생산량이 급격하게 줄거나 유질의 변화를 가져온다.

③ 호르몬 균형이 깨지고 발정이 오지 않거나 늦어진다

더위 스트레스는 호르몬 균형을 깨뜨려 발정이 오지 않거나, 늦게 오도록 한다.

④ 질병에 대한 면역력을 저하시킨다

사료나 물의 섭취량이 감소하고, 체온이 상승하는 등의 문제는 면역력의 저하로 이어지기도 한다.

(3) 모돈은 분만 문제를 스스로 해결하지 못한다

모돈은 분만하면서 발생하는 난산, 자궁 꼬임, 진통 미약, 기타 여러 가지 문제를 스스로 해결하지 못한다. 가두어 기르는 경우에는 체력 저하, 스트레스가 발생할 가능성이 크므로 주의 깊게 관리해야 한다.

(4) 모돈의 발정 주기는 21일

암퇘지는 150일령을 전후해 초발정이 시작되고, 21일을 주기로 발정이 반복된다. 임신 기간과 포유 기간에는 발정이 없지만 이유를 하면 정상적인 돼지에게는 1주일 이내에 발정이 온다.

배란은 발정 지속시간의 70% 전후 시기에 일어난다.

발정은 48~72시간 지속되고, 48시간 발정이 지속되는 경우 발정 개시 후 33시간, 72시간 발정이 지속되는 경우엔 발정 개시 후 50시간 전후에 배란이 있다.

난자의 생존 시간은 두 시간 정도이다.

4. 웅돈의 생리

(1)정자 수는 두 살까지 증가한다

(2) 정자의 운동성은 나이가 들수록 감소한다

(3) 정자는 형성까지 35일 내외, 정소 상태에서 방출되기까지 2주
   간이 걸리므로 정자가 형성되고 방출되기까지는 7주 정도가 걸
   린다

5

생산성 향상을 위한 사양 관리

5.
생산성 향상을 위한
사양 관리

1 후보돈

(1) 격리 후보돈사

- 격리 후보돈사는 후보돈 도입부터 순치 완성 확인 시까지 사용하는 돈사이다.
- 농장의 격리 후보돈사는 반드시 구비한다
- 후보돈사는 ALL-IN · ALL-OUT을 원칙으로 한다.
- ALL OUT 이후 수세 및 소독, 건조 기간을 반드시 1주일 이상으로 한다.
- ALL OUT 이후 마지막 소독은 생석회 도포로 한다.

(2) 후보돈 도입 계획

- 후보돈 도입은 농장의 전산 관리를 기본으로 하여 철저하게 시행한다.
- 도입 계획은 농장의 교배 일자 및 방역 등을 고려하여 종돈장과 상의하여 진행한다.
- 최근에는 질병 예방을 위해 1회/2~3개월씩 순차적으로 후보돈을 도입하는 경우가 많다.

(3) 후보돈 도입

- 후보돈이 도입되면 도착 즉시 외관 검사를 실시하며 지제, 유두 상태, 피모 상태, 외음부 상태 등을 체크하고, 설사·기침 등 질병 유무 등도 확인한다.
- 도입 당일 질병 확인을 위한 채혈을 하여 질병 검사를 의뢰한다.
- 입식 당일은 절식 급여하되 신선한 물을 충분히 공급한다.

(4) 후보돈 순치

- 순치는 후보돈 도입 후 돼지가 안정된 후 격리 상태에서 실시한다.
- 후보사용 비품은 후보사 전용으로 사용한다.
- 기존 농장의 모돈 태반, 분변, 도태 모돈 또는 위축 자돈 등을 활용하기도 하고, 이유 자돈사 돈방에 걸어 두었던 로프를 후보돈 방에 두는 방법을 사용한다.
- 후보돈사는 일과 중 제일 나중에 관리한다.

- 관리자와 친밀감을 가질 수 있도록 돼지를 대하고 관리한다.
- 순치 후의 목적은 기존 농장의 질병에 면역(항체)을 가지게 하는 것이다.
- 순치 완성은 순치 후 PRRS 등 항원 및 항체 검사를 하여 항원 음성, 항체 양성이 되는 것이다.

(5) 후보돈 관리

- 사료 급여는 도입 초기 2~3kg/일 후보돈 사료를 급여한다.
- 초교배 일령은 240일령(140kg 이상) 이후로 한다.
- 초발정 체크는 반드시 현황판에 기록하여 교배에 들어가야 될 시점을 확인하고, 백신 및 특기 사항 등을 기록한다.

그림 1 후보돈 관리 프로그램(권장)

150일령 후보돈 도입 시

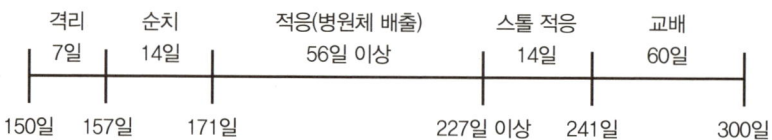

격리	순치	적응(병원체 배출)	스톨 적응	교배
7일	14일	56일 이상	14일	60일

150일   157일   171일   227일 이상   241일   300일

그림 2 등지방 측정 부위

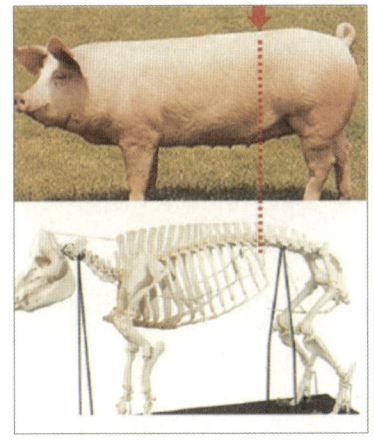
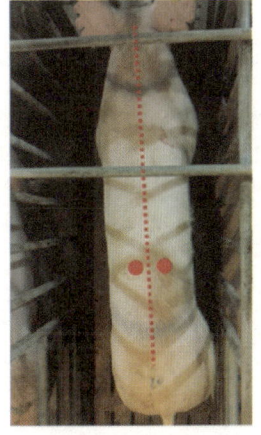

마지막 늑골   척추 좌우 5~6㎝

※ 측정 위치 : 후지 쪽 마지막 갈비뼈 위, 척추 지점에서 좌 또는 우측 5~6㎝ 위치

2 교배

(1) 후보돈 교배 관리

• 후보돈의 교배 일령은 240일령 이후를 원칙으로 한다.

• 교배 예정일 최소 일주일 전에 웅돈과 접촉시킨다.

• 교배 시기는 후보돈의 경우 승가를 허용하는 즉시 교배를 실시하고, 2~3회 정도 인공수정을 실시한다.

• 후보돈 발정이 끝나는 시점을 확인하고 발정이 지속되어 허용하면 교배를 실시한다.

- 후보돈의 경우 인공수정 시간이 경산돈보다 다소 지체되는 경향이 있으므로 주입 시 끈기를 가지고 천천히 자극을 주어 자연스럽게 빨려 주입되도록 유도한다.
- 일반 인공수정 시 웅돈을 앞 또는 옆 부분에 두고 실시한다.

(2) 경산돈 교배 관리

- 주간 관리의 경우 포유가 끝난 모돈은 목요일 아침 일찍 이유를 한다.
- 이유 전일 비타민제를 주사한 후 군사 돈방 또는 스톨에 수용한다.
- 경산돈의 발정은 후보돈보다 쉽게 발견된다.
- 일요일 오후부터 웅돈을 순회시켜 발정을 체크한다.
- 웅돈과 이유 모돈을 접촉시켜 발정을 체크한다.
- 교배는 충분한 시간을 가지고 실시한다.
- 일요일 저녁 또는 월요일 오전 발정이 확인된 개체는 24시간 후에 교배에 들어가며, 월요일 저녁 화요일 발정이 온 개체는 12시간 뒤 교배, 수요일 이후 발정이 온 모돈은 바로 교배에 들어간다.
- 교배가 끝나면 교배 상태 등을 현황판에 기록한다.

(3) 재발 체크

- 재발돈은 아침 저녁 관리 시 매번 관찰하고 원인을 전산을 통하여 동시에 파악한다.

- 교배 후 18~24일에 모돈은 관리자가 육안 관찰을 좀 더 꼼꼼히 하며, 의심돈은 웅돈을 반드시 접촉시켜 본다.
- 2차 재발 시기에는 사료 급여 또는 돈분 제거 작업 시 외음부 상태를 예의주시한다.
- 후보돈 및 경산돈 중 3차 재발돈은 도태시킨다.
- 임신 진단 후에도 의심스러운 개체는 수시로 확인한다.

(4) 발정 지연돈 대책

- 대모돈으로 활용했던 모돈의 불규칙 발정의 경우 한 주기를 넘긴다.
- 발정 지연 후보돈의 경우 1~2회 정도 절식 급여를 하여 스트레스를 가한다.
- 호르몬 요법을 사용할 경우 수의사와 상의한 후 실시한다.
- 급수 상황을 사료 급여 시 항상 점검한다.

(5) 심부 주입 인공수정

- 심부 주입의 경우에도 발정 발견 이후 인공수정 시점은 일반 인공수정과 동일한다.
- 웅돈은 발정 체크를 위해 사용하고, 인공수정 시에는 웅돈이 보이지 않도록 한다.
- 카테타 외관을 삽입한 후 30초 이상 기다려 자궁 경관이 열린 후 서서히 내관을 삽입해야 한다.

- 카테타 내관은 15~20㎝ 정도 삽입되도록 한다.

(6) 교배 상식 3가지

- 배란은 발정 지속 시간의 70% 되는 시점에 시작
- 난자 생존 기간은 8시간
- 정자 생존 기간은 24시간

※ 정액 주입 후 2시간 동안 정자가 난관 팽대부로 이동해 6시간 동안
  수정 능력 획득

그림 3 **발정 지속시간에 따른 교배 적기**

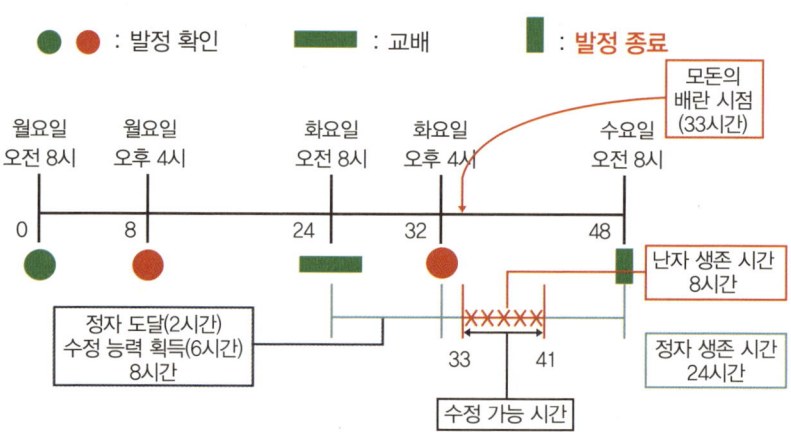

예) 48시간의 발정 지속 시간을 가진 모돈의 경우 : 전 모돈의 80%, 경산돈

70

3 임신사

(1) 기본 관리
- 사료는 월 1회 저울로 계근하여 부피와 무게를 확인한 후 사료 조절에 참고한다.
- 임신돈은 임신 확인 후 분만 예정일 순서대로 이동하여 배치한다.
- 돈사 내 온도는 18~20℃가 되도록 관리한다.
- 돈사 환경 및 계절을 고려하여 온·습도 관리를 한다.

(2) 사료 관리
- 항상 전 산차에서 분만한 포유 자돈의 상태를 참고하여 임신돈 사료량을 늘릴지 줄일지를 결정하여 급여한다.

(3) BCS(체형) 관리
- 주 1회 사료 조절을 실시하며, 분만사 담당자와 상의하여 실시한다.
- 최근 늘어난 포유 기간을 감안하여 분만사에서 포유돈 사료를 많이 급여할 수 있도록 사료 관리를 한다.
- 임신돈의 가장 중요한 관리 기준은 체형(체평점)이다.

그림 4 임신돈 사료 프로그램 사례

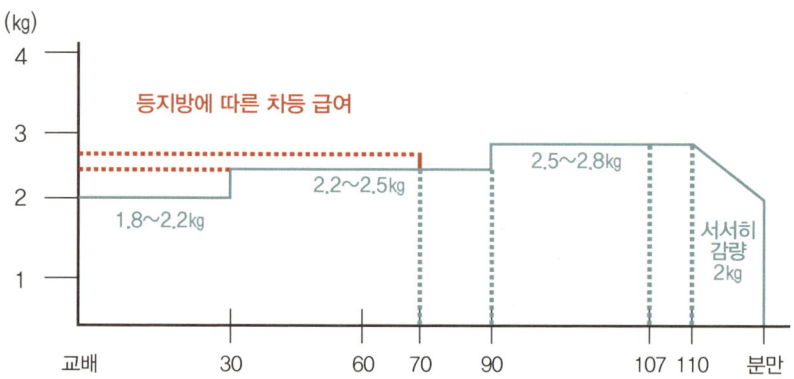

2. 분만사

1 환경 관리

• 주간 관리 및 그룹 관리로 운영할 경우 분만사 올아웃한 후 분만
   대기 모돈을 입식한다.

• AIAO은 반드시 준수한다.

• 올아웃 후 수세, 건조, 소독 그리고 휴지 기간을 3일 이상 충분히
   지킨다.

• 수세 시 소독은 돈방 이외에 돈사 복도, 벽면, 천장, 팬 등을 한다.

2 분만 모돈 관리

(1) 분만 대기돈 입식

- 분만 예정일 최소 일주일 전에 분만사로 이동
- 입식 일주일 전까지 필요한 모든 백신을 접종 완료(필요 시 구충 추가 실시)
- 돈체 소독 및 소독 후 입식

(2) 분만 시 관리

- 분만 당일 조산 기구를 소독하여 정위치 및 돈분 작업 후 보온등 점등
- 분만 시작 시 모돈의 상태를 가능한 한 예의주시
- 난산 시 모돈을 일으켜 방향을 반대로 눕히거나 배를 마사지하여 자극을 준다.
- 손 주입은 가능한 한 지양함(특히 초산돈의 경우)
- 분만 자돈은 수건 등을 이용하여 양수를 바로 닦은 후 모돈 젖에 대주고, 보온등 밑에 넣어 양수를 말리고 초유 섭취를 원활하게 하도록 돕는다.

(3) 사료 급여 관리

- 사료 섭취 후 급이기에 별도로 물을 공급하는 것이 좋다.
- 사료 증량은 분만 2주 이후까지 서서히 한다.

- 모돈 사료는 1일 3회 급여를 하여 섭취량을 충분히 한다.
- 여름철에는 사료 급여 30분 전쯤 얼음을 급이기에 넣어주는 것도 좋다.

3 포유 자돈 관리

- 갓 태어난 포유 자돈은 마른 수건 등으로 몸을 닦아주고, 최대한 빨리 초유를 섭취하도록 한다.
- 포유 자돈은 충분히 초유를 섭취할 수 있도록 분할 포유를 실시한다.
- 허약돈은 모돈의 앞부분의 젖을 물리거나, 초유를 짜서 보충 급여한다.
- 분만 시 탯줄을 실로 묶고 소독해 준다.

(1) 양자 관리
- 후보돈은 대모돈으로 가급적 활용하지 않는다.
- 양자 작업은 동일 분만 모돈의 동복끼리 하며 2~5산차까지 양자 작업을 하되 모돈의 상태가 좋은 것으로 한다.
- 모돈의 전 산차 성적 및 현재의 상태 등을 고려하여 분만사의 사료 섭취 등을 확인한 후, 약한 포유 자돈은 사료 섭취가 좋은 모돈으로 고르게 옮긴다.

- 포유 자돈이 설사를 하고 있을 때에는 양자 관리를 시행하지 않는다.
- 양자 보내기는 초유를 충분히 섭취하고 난 뒤 시행한다.
- 20일 이후에는 양자 관리를 하지 않고, 위축돈을 따로 모아 상태가 좋은 모돈에게 다시 포유시킨다.
- PRRS 음성이나 안정화 농장에서 양자 필요 시 초유 섭취한 건강 자돈을 15일령 모돈에 포유시킨다(대모돈 자돈은 올림 양자 후).

4 모돈 및 자돈의 치료

(1) 설사 치료
- 자돈이 설사할 경우 모돈도 같이 치료를 해 준다(모돈 상태도 확인).
- 샛바람 확인
- 분만사 위생상태 점검(바닥이 축축하거나 지저분할 경우)
- 항생제 치료 시 모돈도 함께 치료

(2) 식불
- 포유 모돈의 식불은 자돈에게도 영향을 미친다고 판단되므로 대사 촉진제 등을 이용해 적절한 치료를 즉시 실시한다.

(3) 난산

- 모돈의 배를 압박하거나, 일으켜 세워 복도에서 운동을 시킨 후 위치를 바꿔 눕힌다.
- 기본적인 것들을 시행한 후에도 난산이 지속될 경우 자궁 경관 확장 여부를 확인하여 호르몬 처리를 한다.
- 노산차(6산차 이상)의 경우 난산 시 손을 주입하기도 한다.

5 기타 모돈 관리

(1) 산자 수 증감

- 전산 및 현황판을 통해 전 산차(그룹)의 성적을 확인해 본다.
- A.I 관리 부문 등을 확인한다.
- 매 하절기 이후 교배돈들의 번식 피해가 심할 경우 시설도 확인해 본다.
- 발정 체크는 꼭 웅돈을 1일 2회 순치시켜 실시한다.
- 발정이 끝나는 시점을 확인한다.
- 분만사를 관리 점검(사료 급여량, 초교배 일령 점검)하여 분만사부터 사료 및 체형 관리를 실시한다.

(2) 유산 모돈의 관리

- 6산 이상 유산 모돈은 도태

- 질병에 의한 것인지, 개체에 의한 것인지 가검물 의뢰 등을 통해 계속 주시
- 유산 경력이 있는 모돈은 다음 교배 시 좀 더 유심히 관찰

3. 자돈사 (4주 전입 ~ 11주령 전출)

1 전입 준비 및 환경 관리

- 전입 초기 자돈사 온도는 28℃ 내외로 설정(농장의 돈사 시설에 맞춰 진행)
- 올아웃 후 수세, 소독하고 충분한 시간을 갖고 건조시킨다(가능한 한 슬러리 피트까지 비우고 청소).
- 보온등 및 보조 급수기 등을 준비한다.
- 입식 시 강·중·약 구분 및 암·수 구분을 한다.

2 사료 교체 시기, 급여 프로그램

- 사료 교체는 교체 시점에 3~7일간 두 사료를 혼합하여 급여하며 서서히 한다.

• 사료는 1일 3회 이상 나누어 급여하여 기호성을 증가시키고, 허실을 방지한다.

3 전출 준비

• 40~60일령 돈
• 질병 등으로 미전출된 돈은 기존 돈군과 합사하지 않고 별도 수용 장소(인큐베이터 등)에 수용한다.
• 전출 후 수세 및 소독을 철저히 한다(전출-수세-소독-건조).
• 자돈사 수세는 피트, 팬 등을 완전히 깨끗하게 한다.

4. 비육사

1 기본 사항

• 비육사에도 올인 올아웃을 실시한다.
• 기본적으로 비육사도 동절기에 돈사 내 온도가 많이 떨어지지 않도록 보온 구역을 설정하여 톱밥 및 보온등을 설치해 준다.
• 급수기와 급이기 개수는 돈방 수용 두수에 맞게 설치하여 운영

한다.

- 적정 사육 공간을 유지한다(3.3㎡·1평/3두).

- 위축 돈방을 따로 관리한다.

- 출하 전 절식/출하 돈방, 환돈방을 운영한다.

2 출하 시 관리

- 휴약기간은 반드시 준수한다.

- 출하 1~2일 전 출하돈 개체별 체중을 측정하여 범위 안에 들어오는 개체만 선별하여 출하한다.

- 출하 계획을 월 단위로 수립하고 배차한다.

- 출하 운송 기사는 반드시 차량 소독 후 농장에 진입한다.

- 출하 시 운송 기사는 돈사 안으로 들어오지 않는다.

- 돼지를 이동시키거나 상차 시 때리거나 전기봉을 사용하면 급격한 육질 저하 등이 유발되므로 하지 않는다.

1 주령별 사양 관리 포인트

(1) 4~8주령의 관리 포인트

생후 10일령부터 급여하기 시작한 입질 사료는 28일령까지 급여할 수 있다. 분만 돈사에서 조금씩 급여 횟수를 줄여 이유 후 최초 3일간은 제한 급이를 한다. 이런 제한 급이에 의하여 설사를 예방하고 식욕을 자극할 수 있다. 이 시기의 사료로 미니 펠렛(2.5㎜) 혹은 크럼블이 돼지가 섭취하기 쉽다. 이 시기의 사료 섭취향은 급이기의 형태에 따라 차이가 나타난다. 일반적으로는 둥글고 너무 깊지 않은 급이기가 좋다. 입질용 사료는 섭취 용이성, 소화성, 영양 등 세 가지를 만족시키는 것이어야 한다.

무제한 급이를 실시할지라도 급이기에 1일분 이내의 사료만 공급해야 한다.

질병 관리와 관련해서는 재채기의 정도가 심해지면 파스튜렐라균과 관련된 AR로 연결될 가능성이 높으므로 주의를 요한다. 재채기는 사육 밀도가 높은 경우에 많이 발생하므로 지나치게 밀사하지 않도록 한다.

개선충은 모돈에서 불충분한 구충을 하여 자돈에 감염되어 발육 지연 등을 나타내는 사례들이 많다. 자돈에 감염된 개선충은 발육 지연뿐 아니라 면역 저하를 유발하여 설사와 폐렴으로 연결된다. 부종병, 연쇄상구균증 등은 주로 복 단위로 발생한다.

표 1 **4~8주령의 관리 포인트**

구분		4주령	5주령	6주령	7주령	8주령
목표 체중(kg)		8	10	13	16	20
일당 증체량(kg)		285	450	450	450	450
필요 온도(℃)		24	24	22	22	20
상대 습도		60%				
음수량 (ℓ/두/일)		1.45~4.16				
유수량(㎖/분)		450~500	450~500	500~600	500~600	500~600
환기량 (㎥/분)	겨울	0.08~0.12	0.14~0.20			0.21
	봄, 가을	0.42				
	여름	0.99				
사료 섭취량(g)		500~700	650~850	1,000	1,000	1,000~1,300
주의 질병		AR, 개선충, 부종병, 연쇄상구균, PRRS, 흉막폐렴, 글래서씨병, PMWS				

관리 요점		1. 올인, 올아웃
		2. 사육 밀도
		3. 온도, 환기
		4. 급수기 체크
		5. 급이 편의성
				1. 환돈 조기
				   발견
				2. 사료 교체는
				   체중 중심
				3. 틈새바람
					1. 사료
					   섭취량
					   체크	

(2) 9~13주령의 관리 포인트

30kg 도달 일령은 분만사에서 모유 섭취량, 사료 섭취, 환경 온도, 설사 유무, 이유부터의 사육 밀도와 관련이 있다. 사육 밀도가 성장 속도에 주는 영향을 생각하여 사육 두수에 신경을 쓰도록 한다. 성장 속도가 빠른 자돈은 체열 발생이 많아서 다른 돼지보다

높은 온도는 요구하지 않는다. 그러나 온도가 낮아서 15℃ 정도가 되면 1일 약 13kg의 사료가 체온 유지에 쓰인다.

표 2 **9~13주령의 관리 포인트**

구분		4주령	5주령	6주령	7주령	8주령
목표 체중(kg)		24	28~30	33~35	38~40	43~45
일당 증체량(kg)		490	490	714	714	714
필요 온도(℃)		20	20	20	18	18
상대 습도		60%				
음수량(ℓ/두/일)		2~4.5	3~7	3~7	3~7	3~7
유수량(㎖/분)		450~500	450~500	500~600	500~600	500~600
환기량 (㎥/분)	겨울	0.26	0.29	0.3		
	봄, 가을	0.68				
	여름	2.12				
사료 섭취량(g)		1.0~1.3	1.0~1.3	1.3~1.5	1.5~1.7	1.7~1.9
주의 질병		폐렴, 돈단독				
관리 요점			1. 급수기 수 2. 사료, 영양 3. 이동 스트레스			

환경 온도도 바닥 전체가 슬랫인 경우와 일부가 슬랫인 경우 서로 다르다. 전체 슬랫인 경우에는 일부 슬랫의 돈사보다 2℃ 높은 22℃의 온도를 요구한다.

체중 30kg까지(하이브리드 돼지는 35~40kg)는 1일당 적육 생산량이 빠르게 증가하므로 돈군 전체가 고르게 사료를 섭취하도록 하는 사료 관리가 중요하다. 사료 섭취를 모든 돼지가 균일하게 하도록 하는 것에는 급수기의 수와 위치, 급이기의 수가 포인트이다. 급수기는 7두에 1개 정도가 필요한데, 급이기가 아무리 적절할지라도 급수기가 부족하면 사료 섭취량은 증가하지 않는다.

이 시기에 폐렴이 잘 발생하는 이유 중 하나는 돈사에 수용 두수가 많거나 갑자기 두수가 증가한 것인데, 이런 문제를 해결하기 위해서 주간 단위로 올인 올아웃을 함으로써 병원체가 축적되는 것을 방지하고 증식을 억제하도록 한다.

2 그룹 관리

(1) 그룹 관리란?

임신 기간(114일)
포유 기간(21일)
재귀 발정(5일)
↓
140일(20주)

1주간 관리	20그룹
2주간 관리	10그룹
3주간 관리	7그룹
4주간 관리	5그룹
5주간 관리	4그룹

(2) 주간 관리표(사례)

	일	월	화	수	목	금	토

작업 내용	• 정리	• 철분
		• 출하
		• 전산 송부
		• 임신 진단
			• 교배
			• 육성돈 이동
			• 자돈사 수세
				• 거세
				• 모돈 구충
				• 이유 준비
					• 이유
					  모돈 이동
					  자돈 이동
					• 분만사 수세
					• 모돈 도태
						• 분만	• 백신
							• 사료 주문
							• 사료 교체

(3) 5주간 관리표(사례)

	일	월	화	수	목	금	토
1주	• 정리	• 출하 • 임신 진단		• 이유 준비	• 이유 모돈 이동 자돈 이동 • 분만사 수세		• 사료 교체 • 사료 주문
2주	• 정리	• 출하 • 전산 송부	• 교배	• 모돈 구충			• 사료 교체 • 사료 주문
3주	• 정리	• 출하 • 전산 송부				• 분만	• 사료 교체 • 사료 주문
4주	• 정리	• 출하 • 전산 송부		• 거세		• 백신	• 사료 주문
5주	• 정리		• 육성돈 이동 • 자돈사 수세				• 사료 주문

(4) 주간 관리와 5주간 관리의 작업시간 비교(사례)

구 분	주간 관리(시간)	5주간 관리(시간)
교배	6	20
분만 관리	4	10
백신	3	10
거세	0.5	2
모돈, 자돈 이동	4	8
수세	6	20
소계	23.5	70
총관리 시간/연간	23.5×52주 = 1,222	70×10.4주 = 728
1,222 − 728 = 494(62일)시간 절약 가능		

(5) 그룹 관리의 장점

• 작업의 능률적, 문화적 혜택

• 돈사별 올인 올아웃 가능, 성적 향상

- 집약적인 교배로 정확한 교배 가능
- 집중적인 교배로 정확한 교배 가능
- 일령별 사료 관리 및 투약 관리 용이
- 자돈사의 온도 관리 및 환기 관리 용이
- 번식 성적 및 출하 성적 관리 용이
- 작은 규모에서도 위탁장 운영 가능

(6) 그룹 관리의 주의점

- 자기 농장에 맞는 그룹화와 철저한 시설 점검
- 그룹별로 전기 사용량이 집중되므로 전기 점검
- 단기간의 인력 투여가 되므로 주의!
- 여름철 겨울철 피해가 큰 농장에서는 불리
- 번식 저하에 따른 경영에 타격이 있음
- 교배 관리, 모돈 BCS 관리 철저
- 자돈사 사육 성적이나 사육 시설이 불량인 농장

(7) 필요 시설 현황(5주간 관리 사례)

- 분만사 26
- 교배사 29
- 임신초기사 83
- 후보사 8

*** 모돈 100두, 회전율 2.45, 분만율 85% 기준

(8) 후보돈 발정 동기화

- 1차 발정을 확인한 후 발정이 종료하고 나서부터 레규메이트(프로게스테론 제제)를 발정을 원하는 날 6일 전까지 투여

(9) 이런 농장에 그룹 관리가 필요

- 적은 인력으로 운영하는 농장(부부 운영)
- 질병으로 고생하는 농장
- 열심히 하지만 성적이 나쁜 농장
- 시설이 낙후되어 일거리가 많은 농장
- 시설에 여유가 있는 농장
- 체계적이지 못한 농장

(10) 그룹 관리의 10계명(5주간 관리의 사례)

- 발정은 웅돈으로 확인하고 교배는 받을 때까지
- 호르몬제는 아끼지 않는다(과잉 금물).
- 후보돈 동기화에 집중하라(교배 5주 전부터 관리).
- 후보돈은 반드시 2개월 전 계획대로 입식한다.
- 교배 시 핸즈프리를 사용한다.
- 분만사 관리는 도드람 매뉴얼대로 한다.
- 분만 주에는 외출을 삼가라.
- 교배 주에는 술을 삼가라.
- 아르바이트를 활용하라.

• 즐겁게 살아라.

3 교배 관리 : 웅돈 관리

(1) 웅돈 구입 방법

① 위생 상태와 안전을 고려하여 1개 종돈장에서만 구입

② 유전 능력(일당 증체중, 등지방 두께, 사료 요구율, 선발지수) 확인

(2) 웅돈 사양 관리

① 돈사 청결 유지 및 미끄럼 방지(톱밥 보충)

② 여름철 방서대책(에어컨, 샤워시설, 안개분무기, 차광막 설치 등)

③ 겨울철 보온대책(이중비닐, 열풍기 등)

④ 정액 검사 연 2회 실시(3월, 9월), 웅돈 포피 소독(주 1회)

⑤ 난폭 웅돈은 현황판에 표시해 사용하고 항상 조심한다.

⑥ 웅돈의 사료 관리

체중(kg)	100	150	200	250	300
사료량(kg)	2.4	2.6	2.7	2.9	3

※ 돈사 온도가 20℃에서 1℃ 내려갈 때마다 100g씩 증량하여 사료 급여

(3) 웅돈 사용 기록

① 사용 후 반드시 현황판에 기록한다.

② 승가 훈련은 생후 8개월령(120kg 이상)부터 실시하고 10개월령

(체중 140㎏)부터 사용한다(초교배 전 정액 검사 실시).

③ 사용 횟수 : 1년 미만 주 1~2회, 1년 이상 주 2~3회, 1일 2회 연속 사용 시 3일간의 휴식기간을 둔다.

④ 초교배 시 대상 모돈은 체구가 작고 발정 상태가 양호한 2산차 경산돈 사용

(4) 웅돈 도태 기준

① 수태율 70% 이하, 정충 활력 70% 이하

② 승가 불능, 비정상 고환

③ 성질이 포악한 정도가 심한 것, 후대 검정 성적이 나쁜 것

④ 사용기간이 18개월 이상(생후 3년 이상 돈), 자연교배 시 웅돈 체중이 너무 커서 사용하기 곤란한 것

(5) 안전 관리

① 난폭 웅돈은 현황판에 표시하고 항상 조심해서 사육해야 한다.

② 웅돈 구타 금지

(6) 웅돈의 구충 및 백신 접종

① 구충은 연 2회(3월, 9월) 실시하며, 사료 첨가용 구충제(내·외부 구충제)로 실시한다(스트레스 최소화).

② 스트레스를 최소화하기 위해 사료 급여와 백신 접종을 동시에 실시한다(백신 프로그램 지침 참조).

4 웅돈 수정 관리

(1) 교배 관리

1) 발정 징후

① 거동이 불안하고 사료 섭취량 감소

② 외음부 충혈 및 점액 분비

③ 수퇘지 접근 시 소리를 지르거나 허용 자세 취함

2) 적기 파악 및 교배

① 발정 체크는 1일 2회 웅돈을 앞세워 하고, 시간을 충분히 갖고 정확하게 한다.

② 수퇘지 허용 개시 후 10~12시간 정도에 1차 주입하고, 그 후 10~12시간 후에 2차 주입한다(인공수정 시).

③ 이유 7일 이후 발정돈, 지연돈은 발정 기간이 짧음을 감안하여 승가 허용 시점부터 첫 교배를 실시한다.

④ 후보돈은 승가 허용 시 1차 주입하고 12시간 간격으로 3회 교배를 권장한다.

⑤ 지속성 발정의 경우 3차 주입한다.

3) 교배(주입) 시 준수사항

① 교배 시 미끄러지지 않게 바닥에 톱밥을 깔아준다.

② 교배 전 반드시 외음부 세척(물로 세척하거나 물휴지로 닦아준다.)

③ 교배가 끝나면 즉시 현황판에 상세히 기록(재발 예정, 교배 상태 등)한다.

④ 교배 후 스톨사에 수용(안정 유지)

(2) 인공수정

1) 정액 주입 순서

① 보관고에 있는 정액 용기(팩, 튜브, 병)를 꺼낸다(이때 용기를 서서히 뒤집어 가라앉은 정자를 혼합).

② 암퇘지의 외음부 세척

③ 정액 용기 꼭지에 표시된 절단 부위를 소독된 기구(가위)로 자른다.

④ 주입기 선단에 정액을 조금 바른다(주입 시 윤활 작용).

⑤ 왼손으로 외음부를 펼치고 주입기를 위쪽 15~2도 방향으로 질 상부 벽을 따라 질의 깊이를 감안하여 서서히 삽입한다.

⑦ 주입기 손잡이 부분을 위로 하여 정액 용기를 결합해 주입한다 (5~8분 정도).

⑧ 주입이 끝나면 영구용 주입기는 시계 방향으로 돌려 빼내고 1회용 주입기는 역류 방지용 마개로 막는다.

⑨ 현황판에 교배 상태를 상세하게 기록한다(양호:A, 미흡:B, 불량:C).

2) 인공수정 성공 요건

① 인공수정의 생명은 위생과 정성이다.

② 수정 전에 웅돈을 모돈의 앞쪽에 두고 웅취를 맡게 한다(호르몬 분비 촉진).

③ 시간에 쫓겨 주입하는 것은 금지(퇴근시간을 임박해서는 주입 금지)

④ 역류가 심한 모돈은 모돈을 움직이거나 약간 움직이게 자극함으로써 역류를 예방

⑤ 인공수정 주입 시 전 직원이 참여하고 주입 실명제 실시(책임의식을 느끼게 한다).

3) 정액 보관고 관리

① 정자는 온도에 민감하다(온도계 수시 점검: 16~18℃).

② 정액 용기의 넓은 면이 바닥에 닿게 하고, 1일 2회 서서히 뒤집어 가라앉은 정자를 혼합시켜 준다(정자 활력 촉진 목적).

③ 정액은 제조 일을 확인(선입 선출)하여 사용하며, 구입 후 48시간 이내에 사용한다.

④ 정액 보관고의 설치는 너무 추운 곳이나 너무 더운 곳에 설치하면 안 된다.

4) 교배와 시설 관리

① 교배사 내 조명 밝기는 200~300룩스를 유지한다(신문 판독 가능).

② 조명을 1일 16~18시간 유지한다.

5 농장 해썹(HACCP)

(1) 해썹(HACCP)의 첫째 목적은 위생적이고 안전한 돼지고기를 생산하는 것이다

해썹(HACCP)을 농장에 도입하는 첫째 목적은 안전하고 위생적

인 돼지고기를 생산하기 위해서이다. 즉, 소비자를 생각하며 단순히 돼지를 기르는 것이 아니라 돼지고기라는 식품을 생산한다는 데 초점을 맞춘 개념이다. 안전하고 위생적인 돼지고기가 나오는 첫 걸음은 생산 현장에서 시작되어야 된다.

항생제가 잔류하는 출하 돈이 있는데 소비자가 이를 알고 있다면, 과연 이 돼지고기를 먹을 것인가? 또한 나와 내 가족이 먹는 돼지고기에 항생제가 잔류한다면 어떨까를 생각하면서 양돈을 하자는 것이 HACCP을 도입한 목적 중 하나이다.

원래 HACCP이라는 시스템이 만들어진 것도 사람이 먹는 식품의 안전성을 좀 더 효과적으로 확보하기 위해서였다.

(2) HACCP은 농장 관리의 도구이고 시스템이다

HACCP은 농장에서의 질병 문제를 해결하거나 생산 성적을 올리는 단순한 기술이 아니라 전체적으로 농장 경영을 효율적으로 하기 위한 도구이자 시스템이다.

HACCP은 후보돈 도입부터 비육돈 출하까지의 과정을 관리하는 원칙, 차단 방역, 농장과 돼지의 위생·질병 관리, 교육, 시설 관리 등 농장의 운영에 필요한 모든 내용이 체계적으로 문서화되고 업무를 기록하는 작업을 기본으로 한다. HACCP은 모든 관리 과정이 각각 별도로 움직이면서도 서로 톱니바퀴처럼 연결되어 실행과 분석, 시정 조치 등이 이루어지므로 부분이 아닌 전체적인 농장 경영을 포함하는 시스템이라고 할 수 있다.

농장 관리의 도구라는 것은 이 HACCP에는 내부 감사를 비롯한 활용만 잘하면 경영을 효율적으로 할 수 있는 도구가 들어 있기 때문이다. 그래서 HACCP은 기술이라기보다는 시스템이다.

(3) HACCP은 지속적인 개선 과정이다

HACCP을 도입하면 질병도 들어오지 않을 것으로 생각하는 사람들이 있다. HACCP을 도입한 농장에서는 질병이 발생할 수 없다는 생각을 하고 있는 것이다. 그러나 HACCP은 무균 돼지를 생산하는 기술이 아니다. 다만 여러 질병에 노출될 가능성을 줄일 수 있고, 점점 개선되어 가고, 문제 발생 시에는 효과적인 대책을 세울 수 있게 되므로 처음부터 모든 면에서 완전한 시스템이라기보다는 완전해지려는 시스템이라고 생각해야 한다.

예를 들어, 입구에서 차단 방역을 아무리 잘 해도 바람을 타고 들어오는 질병까지 막을 수는 없다. 또한 소독을 철저히 해도 무균시스템 농장이 아니라면 100% 질병을 막을 수 있다고 장담할 수 없다. 다만, 농장 안으로 들어오는 모든 것을 소독하고 철저하게 방역한다는 원칙을 지킨다면 감염의 가능성을 상당히 줄일 수 있을 것이라는 것에는 동의할 것이다.

이와 같이 100% 완벽하지는 않지만 문서화와 분석을 통해 농장의 업무를 개선해 나가는 과정이 HACCP이다.

(4) HACCP은 실천을 전제로 한 행동 요령이자 규칙이다

HACCP의 도입 과정에서 농장에서 일어나는 모든 사항에 대한 관리 매뉴얼을 만들게 되는데, 이 문서는 행동이 따르지 않으면 그저 하나의 책자로 남게 된다. 위에서 설명한 것처럼 HACCP은 시스템이기 때문에 실천하지 않으면 멈춰 버린다. HACCP은 지식이 아니라 행동 요령이다. 행동 요령이고 규칙이므로 이론적인 내용이 아니라 책임과 권한이 농장주 각자에게 정확히 부여되고 행동 내용이 기록으로 남겨져야 한다.

(5) 계속 발전시켜야 한다

시스템이므로 농장의 시설이나 형태가 바뀌면 HACCP도 수정되어야 한다. 한 번 만든 원칙이 평생 바뀌지 않는 것이 아니다. 새로운 질병 관리 기술이 개발되면 백신이나 소독 방법이 바뀔 수도 있고, 사료가 바뀌면 급이 프로그램도 바뀌게 된다. 그런데도 매일 같은 사양 관리, 위생 관리 프로그램을 시행하려고 한다면 안 된다. 따라서 만든 원칙 문서는 정기적이고 지속적으로 발전시켜 나가야 한다. 처음부터 완벽하게 내 농장에 맞는 기술이나 시스템은 없다.

(6) HACCP 인증을 받는 순간이 출발점이다

HACCP 인증은 이 시스템의 도입을 확인하는 것이고, 인증 후부터가 제대로 효과를 보면서 운영하는 기간이다. 인증까지의 교육은 준비 단계라고 할 수 있다. 예를 들면, 인증받기까지는 시합을 하기 위한 연습 기간이고, 인증받는 순간부터가 심판의 휘슬과 함께 시합이 시작되는 것이라고 보면 된다.

그런데 일부 농장은 HACCP 인증을 받는 것을 목표로 삼는다. 이런 농장에서는 HACCP 인증을 받은 후에는 농장 관리가 체계가 없던 예전으로 돌아가 HACCP이 괜히 일거리만 늘려 놓았다는 이야기가 나오게 된다.

(7) 농장의 모든 식구, 관련 업계 모두가 참여해야 한다

HACCP은 농장에 근무하는 경영주, 직원을 비롯하여 사료회사, 약품회사, 관련자 모두가 참여해야 하는 시스템이다. 돼지를 관리하는 기술이라면 관리자만 알고 실천하면 되지만 관리와 경영 기술 외에도 거래처와의 관계, 예를 들면, 구매하는 사료의 안전성까지도 문서로 확인해야 하는 과정 등이 있으므로 관련자의 범위는 농장 안으로만 국한되지 않는다.

종돈을 구입하면서도 질병 검사 증명서를 요구해야 하는 상황이 발생하는 경우가 있는데, 종돈장에서 협조가 안 되면 이 시스템은 중간에서 멈추게 된다.

농장 내에서도 모든 관리가 포함되므로 잠시 방문하는 사람까지를 포함해 모두가 참여해야 한다.

(8) 의식을 전환하는 작업이다

지금까지 머릿속으로만 알고 있던 농장관리 내용을 먼저 매뉴얼로 만들고, 매일 하는 업무 내용을 정해진 기록 양식에 따라 글로 남겨야 하는 과정은 의식이 변화하지 않으면 불가능한 일이다. 또한 정해진 매뉴얼의 내용은 누가 보든 보지 않든 철저하게 지켜야 하므로 책임의식이 없으면 HACCP은 형식적으로 인증을 받기 위한 가짜 기록만을 하게 되는 귀찮은 일이 되고 만다. 이런 것을 예방하기 위해서는 처음 도입할 때 서두르지 않고 전문가의 도움을 받아가면서 정성스럽게 하는 것이 중요하다.

6 스트레스 관리 포인트

(1) 이동 직후 2~4℃ 온도↑ (여름철에는 시원하게)
(2) 액상 사료 급여
(3) 물 별도 급여
(4) 사료에 영양제, 소화제 첨가
(5) 항생제

7 산차별 분리 농장 시스템 : 장점

• 전문화된 후보돈 관리 : 영양, 교배, 사료, 기타
• 2산차 이상에서 균일한 성적

- 이유 체중, 일당 증체중, 사료 효율의 개선

- 격리, 순치는 1산차 농장에만 필요

- 2산차 이상에서 여러 질병에 대한 견고한 면역

- 잠재적 질병의 제거 - 질병 보유돈의 도입 위험 감소

8 심부 AI

(1) 심부 AI란 정액을 자궁체에 주입하는 방법이다

(2) 심부 AI의 장점과 경제성

- 기존의 카테터로는 정자 수의 60~80%가 역류하거나 자궁 경관에서 사멸해 자궁 구석 심부에 도달하지 않는 경우가 많음

- 심부 AI로는 정자가 자궁 경관을 지나가지 않으므로 정액 역류·정자 사멸을 최대한 방지할 수 있어 정자를 자궁 안으로 전량 주입할 수 있음

구분	내용	비고
교배 시간의 단축 (노동력 절감)	심부 카테터 : 약 1분	자연 교배(약 10~20분) 기존의 카테터(약 5~15분)
수태율 상승	경산돈 : 93~97% 미경산돈 : 91%	심부 카테터(Ab카테터)를 사용한 농장의 수태율 데이터
산자 수 증가	연간 모돈 두당 약 1두 증가	1모돈당 1회, 분만당 1/3~1/2두 산자 수가 증가한다는 데이터가 나왔음
재발정 감소	약 10%의 수태율 상승 기대	기존의 카테터 비교

9 OK운동

OK운동은 농장 내의 환경, 시설, 기자재를 정리·정돈하여 농장의 위생 수준을 높이고, 긍정적인 마인드를 형성하여 농장을 체계적으로 경영하기 위한 방법이며 시스템이다.

(1) OK & HK

OK (order, keeping, keeper, clean, ok)

　　- 정리·정돈을 순서에 맞춰 끝까지 쭉~

HK (hygiene, keeping, keeper)

　　- 위생 관리 생활화 쭉~

(2) 양돈장 OK 운동의 필요성 및 효과

① 필요성

- 경영난으로 인한 폐업↑
- 젊은 인력의 유입이 거의 없다
- 환경의 문제 및 규제 강화 : 악취 감소 등 → 주변의 시선이 바뀜

② 효과 : 원가 절감(재고 관리), 의식 변화 및 긍정적 마인드!

- 좋은 인재 채용 기회 증가
- 축사 증설 동의 용이
- 사무실 및 돈사 정리 · 정돈으로 작업 능률 향상(잔업 감소)
- 돼지의 생산 성적이 오름

(3) OK 운동의 조건들

① 누구나 알 수 있고, 할 수 있게 쉽게 정리 · 정돈

② 정기적이고, 즉시적이고, 지속적

③ 위생 개선을 포함한다

④ 모두가 즐겁게 주인의식을 가지고 일한다

(4) OK 운동의 기본

① 정리

② 정돈

③ 청소

④ 위생

⑤ 의식 변화(습관 유지)

(5) OK운동의 효과

① 성적 향상 결과 : 효율적인 시간 배분, 작업 동선 개선 등

→ 효율적인 가축 관리 시간

② 인재 교육

③ 인재 채용

④ 부가가치

⑤ 축산업의 이미지 제고

⑥ 경영에 이용(돈벌이가 됨)

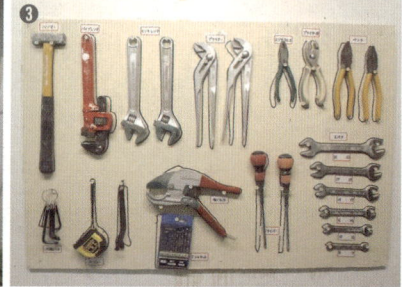

❶ OK운동 도입으로 청결하게 꾸며진 농장 입구
❷ OK운동에 따른 돈사별 색깔 구분 장화
❸ OK운동에 따른 농장 현장 공구 관리

❹ OK운동에 따른 농장 직원 휴식시설
❺ OK운동으로 아름답게 꾸며진 출하대
❻ OK운동으로 정돈된 현장 창고
❼ OK운동으로 정돈된 청소도구 보관실

후보돈 입식 시 질병 관리

결재	작성	검토	승인
	/	/	/

점검주기 : 후보돈 입식 시   년   월   일   두

심사 구분	심사 기준	양호	보통	불량	조치
후 보 모 돈	지체 상태는 양호한가? (직립이나 발굽의 굴절이 없고, 앞다리는 11자형)				
	유두는 6쌍 이상이며 간격은 일정하고 맹유두, 부유두, 미약 발달 유두, 상처 유두는 없는가?				
	외음부의 크기와 발달 상태는 양호한가?				
	피부병은 없는가?				
	전염병이 의심되지 않는가? (설사, 코피, 발열, 기침, 눈곱, 피모, 연변)				
	체중은 양호한가?(90~100kg)				
	일령은?(150~170일령)				
	입식 후보돈의 생년월일 편차의 적절성은? (2주치 양호, 3주치 보통, 4주치 불량)				
	운송 기사의 방역 관리는? (장화, 방역복, 차량 세차 및 소독 여부)				
웅 돈	체구 및 다리의 강건성				
	생식기 상태는 양호하며, 고환의 발달이 양호하면서 좌우의 크기가 동일할 것				
기 타	종돈장에서의 항생제 사용 내역(종류:_____, 사용날짜: __/__, 잔류기간:____일)				
	급여 사료 종류(항생제 첨가 : 유무, 잔류 기간 :____일)				

※ 외관 검사는 운송 기사 입회 아래 실시하고 체크 리스트에 서명을 받는다.

농장 관리 체크 리스트(돈군 및 시설 환경 위생 관리)

심사 구분		심 사 항 목	심사 평점			지적사항 기록
			양호	보통	불량	
돈군 및 시설 환경 위생 관리 부문	차단 방역 관리	농장 직원들이 청결, 준청결 구역을 구분하여 관리할 수 있도록 제반 준비(구역 표시판, 샤워 시설, 방역복, 방화, 소독조 등)가 되어 있는가?				
		제반 차단 방역 시설(소독 시설, 울타리, 주차장, 안내판, 샤워 시설, 물품 반입 창고, 출하대, 장화, 신발 등)은 가동 및 정리, 관리 상태에 이상은 없는가?				
		도입축, 즉 후보돈은 격리와 순치가 제대로 이행되고 있는가?				
		농장 직원은 농장 출입 24시간 전 다른 농장이나 도축 혹은 가공 공장을 출입하고 있지 않은가?				
		외부 방문자(사료, 분뇨, 출하차 포함)는 철저히 방명록에 기록하고 있고 방명록은 잘 관리되고 있는가?				
		소독 관리(발판 소독, 차량 소독, 토양 및 바닥 소독, 돈사 내 혹은 주변 소독 등)에는 문제점이 없는가?				
		소독 실시 기록부는 제대로 관리되고 있는가?				
		월 1회 이상 정기적으로 구서 작업이 실시되고 일지에 기록하여 결재를 받고 있는가?				
		방문자(사료, 출하, 분뇨 차량 기사 포함)를 위해 농장은 방역복과 장화를 준비하고 있는가?				
		※ 심사자의 기타 소견 :				

심사 구분		심 사 항 목	심사 평점			지적사항 기록
			양호	보통	불량	
돈군 및 시설 환경 위생 관리 부문	차단 방역 관리	돈사 내 분무 소독(1일 1회 정해진 소독약-4급 암모늄제)과 농장 진입로에 대해 주 1회 이상 소독(생석회 포함)을 실시하고 있는가?				
		전출 후 소독은 돈방 내 돼지가 없는 상태에서 슬러리 혹은 톱밥을 완전히 제거한 후 세척-소독-건조(환기가 충분히 된 상태에서 2일간)가 이루어지는가?				
		분만사(입식 시 이전 그룹의 돈군이 있어서는 안 됨)와 자돈사(입식 시 일령 차이가 2주 이상 되어서는 안 되며, 전출 후 소독 시 돈방이 완전히 비워져야 함)의 올인 올아웃은 규정대로 이행되고 있는가?				
		환돈방의 운영은 별도 지침을 정하여 이행하고 있는가?				
		후보돈, 교배, 임신, 분만, 자돈, 육성·비육사의 관리자는 당일 임상 관찰 결과 주요한 관찰 결과를 즉시 농장 종합 생산 일지에 기록하는가?				
		후보격리사, 교배임신사, 분만사의 위생 관리는 HACCP 표준 문서의 지침대로 이행되고 있는가?				
		분만 자돈, 이유 자돈, 육성·비육 후보, 모돈 등은 적정 사육 밀도를 지키고 있으며, 적정 습도(50~70%)를 유지하고 있는가?				
		돈방별로 양호한 환기(암모니아 10ppm 이하, 이산화탄소 15% 이하) 및 돈군에 적합한 온도를 유지하고 있는가?				
		돈사 내 이동은 자돈 → 분만 → 임신 → 교배 → 후보 → 환돈 순으로 하고 하는가?				
		전염성이 있고 돈군에 미치는 영향이 클 때 HACCP 지침대로 이행하고 있는가?				
		돈군 또는 개별 돼지 치료 기록부는 HACCP 표준 문서 지침의 양식대로 기록하는가?				
		※ 심사자의 기타 소견 :				

심사 구분		심 사 항 목	심사 평점			지적사항 기록
			양호	보통	불량	
돈 군 및 시 설 환 경 위 생 관 리 부 문	차 단 방 역 관 리	백신의 선정은 수의사와 협의하여 농장에 맞도록 선정하고 접종 일령, 접종 간격, 접종량, 접종 부위 등을 잘 지키고 있는가?				
		백신 접종 기록부를 보관·유지하고 있는가? 특히 자돈 열병 백신 1,2차 접종 등을 확인하고자 주 1회 농장장은 접종 기록부를 확인·서명하고 있는가?(현황판 기록과 접종 기록부의 일치)				
		냉장고 안에 온도계를 비치·보관(2~8℃)하고 있는가?				
		농장의 방역 프로그램을 확정·문서화하여 명시해 놓았는가?(코팅 처리 및 부착)				
		동물용 의약품의 농장 반입 시 물품 반입 창고에 비치된 냉장고에 보관하고 백신과 호르몬제 등은 2~8℃로 보관하는가?				
		분만사 안에 사용하고 남은 백신병, 호르몬제병 등 혹은 돈사 안에 사용하다 남은 약병, 주사기 등이 방치되고 있지 않은가?				
		개봉 후 재사용 금지, 병류 주사약에 주사기를 꽂은 채로 보관, 사료 및 음수 첨가제의 사용 후 반드시 잔량 밀폐 보관, 기타 폐기 시 비닐, 병류, 바늘 등의 구분 폐기 등이 제대로 이행되고 있는가?				
		주사기와 주사 바늘의 사용, 보관 및 폐기 등과 올바른 주사 바늘의 선택이 지침서대로 이행되고 있는가?				
		근육 주사, 피하 내 주사, 정맥 내 주사 방법에서 주사 부위를 지침서대로 이행하고 있는가?				
		약제 사료 배합 기록부, 약품 사용 기록부는 기록 후 결재를 받고 있는가?				
		농장의 약품 사용 현황 리스트와 동물용 항생제 용법, 용량 및 휴약 기간 등 참고 자료를 비치하여 참고하고 있는가?				
		※ 심사자의 기타 소견 :				

심사 구분		심 사 항 목	심사 평점			지적사항 기록
			양호	보통	불량	
돈군 및 시설 환경 위생 관리 부문	차단 방역 관리	농장에 사료 반입 시 관능 검사가 이루어지는가? 관능검사 후 결과는 기록하고 있는가?				
		사료의 검사 성적서는 사료회사로부터 주기적으로 받고 있는가?				
		사료 급이기는 1일 1회 사료통을 비우고 주변을 청결히 하여 급여하고 있는가?				
		일령별, 체중별로 권장 사료 급여 프로그램에 맞게 사료를 급여하고 있는가?				
		여름철엔 가급적 매회 사료빈을 완전히 비운 후 기타 계절에도 적절한 주기로 사료빈을 비워 신선한 사료를 채워 주고 있는가?				
		보관 사료(지대 사료 포함)는 변질되지 않도록 계절과 날씨에 따라 적절하게 관리하는가? (혹서기 고온 관리, 지대 사료는 팔레트 위 보관)				
		연 2회 수질 검사를 실시하고 검사 결과 기준치에 문제점이 있는 경우 개선 조치를 실시하고 있는가?				
		돈사 내 급수 탱크와 급수 란인을 연 1회 청소하고 있는가?				
		웅돈, 모돈의 급수기는 니플의 경우 분당 최저 유수량이 1 ℓ 이상인가?				
		쥐 등 설치류에 대해 매월 정기적으로 2회 이상 구서제를 사용하고 기록해 관리하는가?				
		멧돼지, 야생 개, 야생 고양이 등의 질병 전파 가능성을 없애기 위하여 울타리 등의 설치가 완벽한가?				
		조류의 돈사 내 유입 방지를 위해 방조망이 설치되어 있는가?				
		파리 등이 쉽게 서식할 수 있는 분뇨 처리장에는 파리 발생을 억제하기 위해 덮개 등을 사용하여 보관하는가?				
		돈사 주변에 물웅덩이와 사료 쓰레기가 제거되어 있는가?				
		※ 심사자의 기타 소견 :				

심사 구분		심 사 항 목	심사 평점			지적사항 기록
			양호	보통	불량	
돈군 및 시설 환경 위생관리 부문	차단방역관리	반입 창고는 자외선 차단기가 잘 작동되고 있으며, 청결하게 정리가 되어 있는가?				
		사무실, 샤워실, 화장실(특히 농장 직원 화장실)은 청결하게 정리된 상태로 관리되고 있는가?				
		돈사는 1일 1회 이상 청소와 분기당 1회 이상 돈사 내 먼지, 거미줄 등을 제거한 후 농장 종합 생산일지에 기록하는가?				
		환기팬과 셔터는 먼지가 쌓이지 않도록 청결하게 관리되고 있는가?				
		돈사 주변에 폐기물 등 정리가 안 된 곳은 없는가?				
		먼지로 인한 누전을 예방하기 위해 차단기를 주 1회 깨끗하게 청소하고 있는가?				
		돈사별 발판 소독조는 소독약 부족 시 교체하고 있는가?				
		폐사돈 및 환돈 접촉 후 손과 작업복의 오염 상태를 확인한 후 새 작업복으로 갈아 입고 있는가?				
		직원들이 개인 위생과 건강 관리를 잘 하고 있는가?				
		※ 심사자의 기타 소견 :				

심사 구분		심 사 항 목	심사 평점			지적사항 기록
			양호	보통	불량	
돈군 및 시설환경 위생관리 부문	차단방역관리	주간 관리 세부 업무의 개념 이해 및 교육이 기존/신규 직원에 대해 철저히 실시되었는가?				
		포유 모돈의 사료 급여 점검표 활용으로 분만사 모돈의 균일한 영양 및 체형 관리가 이루어지고 있는가?				
		기록에 의한 일령별 그룹 파악이 명확히 이루어지고 있는가?				
		명확하고 구체적으로 담당자별로 한 주간 개인 업무가 파악되어 있는가? ('나는 무슨 요일에 무슨 일을 어떻게 시행한다'가 개인별로 파악되어 기록되기를 권장)				
		농장의 일일 업무가 반드시 주간 관리 시행표대로 진행되고 있는가?				
		당일 수행 완료가 안 된 업무는 농장 종합 생산일지에 기록한 후 다음 날 시행하여 결재를 받고 있는가?				
		현재 이상적인 신차 구성으로 교배 두수가 안정적으로 확보되어 있는가?				
		종돈 능력, 방역, 가격, 원활한 공급, 사후관리 등을 감안하여 주변의 평가가 좋은 종돈장과 거래하고 있는가?				
		후보돈 입식 시 질병 가능성(눈, 코, 기침, 피모, 연변, 설사 등)과 외형(유두, 외음부, 하복부 용적 등)을 리스트화하여 점검한 후 입식시키고 있는가? 그리고 그 결과를 결재 받고 있는가?				
		격리 및 순치는 30일 이상 병행하여 실시하고 농장 백신 프로그램에 의거해 정확하게 실시하고 있는가?				
		초발정 일을 파악 · 기록하여 예상 첫 교배일에 강정 사양을 실시하는가?				
		※ 심사자의 기타 소견 :				

심사 구분		심 사 항 목	심사 평점			지적사항 기록
			양호	보통	불량	
돈군 및 시설 환경 위생 관리 부문	차단방역관리	위생상태 및 안전 등을 고려하여 1개의 종돈장에서 구입하고 있는가?				
		여름철 방서 대책으로 25℃ 이상일 경우 에어컨, 샤워 시설, 안개 분무, 차광막 설치 등으로 체감온도를 낮추고 있는가?				
		인공수정 전 반드시 외음부를 세척하고 정액 검사는 자연교배 시 연 2회 정도, AI센터 구입 시에는 월 1회 정액 품질 검사 성적 증명서를 요청하여 받고 있는가?				
		웅돈은 사용 내용(사용 횟수 준수, 난폭 웅돈은 현황판 표시)을 현황판에 기록하고 구충 및 백신 접종이 잘 이루어지는가?				
		발정 체크는 1일 2회 웅돈을 앞세우고 시간을 충분히 갖고 정확하게 실시하는가?				
		인공수정 전 웅돈을 모돈의 앞쪽에 누고 웅취를 맡게 하고 있는가?				
		교배시키기 전에 반드시 정액 용기를 두 번 흔들어 주는가?				
		재발돈 교배는 무조건 자연교배를 시키고 있으며, 교배사 내 밝기는 200~300룩스 (신문 판독 가능) 및 점등 시간 16~18시간을 지키고 있는가?				
		임신 일령에 맞는 적정 BCS 유지 및 임신사 내 온도 관리(18~25℃) 유지와 건강 상태를 고려해서 월 2회 급여량을 조절하는가?				
		공복 스트레스가 없도록 사료 급여 시간을 철저히 준수하고, 특히 여름철에는 신선한 사료를 급여하고 있는가?				
		돼지의 생리적 부분을 고려하여 조도 및 점등 시간을 지키고 있는가?				
		임신 후 30일 이내 이동을 금지하고 있는가?(불가피한 이동은 교배 직후)				
		재발정 확인 및 임신 진단, 모돈 도태 기준 준수, 구충 및 백신 접종 등은 명확이 이루어지는가?				
		※ 심사자의 기타 소견 :				

심사 구분		심 사 항 목	심사 평점			지적사항 기록
			양호	보통	불량	
돈군 및 시설 환경 위생 관리 부문	차단방역관리	분만사의 환경 관리 올인 올아웃, 온도(20~25℃) 및 습도(50~60%) 관리는 철저한가?				
		분만 전 준비 사항으로 수세, 소독, 건조 등을 반드시 하고 있으며, 모돈의 체표 소독과 이동 시 스트레스를 최소화하고, 조산 기구는 철저하게 준비하고 있는가?				
		분만 시 충분한 초유 섭취, 샛바람 방지, 분만 후에는 반드시 물을 먹이고 있는가?				
		포유 모돈에게는 항상 신선한 사료를 급여해 주고 있으며, 샛바람 방지 및 보온등 관리, 거세 및 철분 주사 등이 실시되고 있는가?				
		양자 관리는 24시간 이내 극히 제한적으로 이루어지고 있는가?				
		이유 전 도태 모돈이 결정되고 분만사 관리자는 돈사 및 제반 시설 관리와 분만사 관리 지침에 의한 포유 모돈 및 포유 자돈 관리를 하고 있는가?				
		자돈은 전입 전 청소-수세-소독-건조 등의 실시와 돈사 시설 점검 및 실내 적정 온도를 미리 맞추어 놓은 상태에서 전입되고 있으며, 온도 편차를 최소화하기 위해 최선을 다하는가?				
		체중별로 선별하여 입식(밀사 방지)시키고 현황판에 철저하게 기록하고 있는가?				
		사료 교체 시 스트레스를 최소화하고 있으며, 신선한 사료 급여와 유량 0.3~0.6ℓ/분, 5두/1개 니플 등이 지켜지고 있는가?				
		1일 1회 이상 자돈의 건강 상태를 파악하여 임상 관찰 사항을 농장 종합 생산일지에 기록하고 있으며, 환돈방을 별도로 관리하여 치료하고 있는가?				
		좋은 사양 환경을 위해 주령별 적정 사육 및 온·습도 준수, 돈방 면적당 적정 사육 두수 준수, 사육 단계별 적정 환기량 조절이 이루어지는가? (자돈사 온도 및 환기 관리 일지에 기록을 권고)				
		자돈사 입구에 발판 소독조를 설치하고 별도 신발 관리가 되고 있는가?				
		자돈사 관리자는 자돈사 관리지침을 숙지하여 철저히 준수하고 있는가?				
		※ 심사자의 기타 소견 :				

심사 구분		심 사 항 목	심사 평점			지적사항 기록
			양호	보통	불량	
돈군 및 시설 환경 위생 관리 부문	차 단 방 역 관 리	돈방당 적정 두수 유지와 피트를 비우고 청소하고, 철저한 올인 올아웃을 하고 있는가?				
		체중별, 성별로 돈군을 편성하고 매일 임상 관찰 후 농장 종합 생산일지에 기록하고 있는가?				
		돈방당 혼합 사육 금지와 좋은 공기(암모니아 10ppm 이하, 이산화탄소 0.15% 이하 유지)와 적정 온도(18~24℃) 및 습도(50~70%)를 유지하고 있는가?				
		신선한 물을 충분히 섭취할 수 있도록 하고 연간 2회 수질 검사를 실시하고 있는가?				
		사료 입고 시 관능 검사 실시와 사료 급이는 매일, 사료빈은 적절한 주기로 비워 청결하게 관리하고 있는가?				
		위축돈 발생 시 별도 돈방을 운영하며 영양제, 효소제, 항생제를 충분한 음수와 함께 일정 기간 급여하고 있는가?				
		사육 단계에 맞는 사료 프로그램을 준수하고 있으며, 규격화된 출하돈을 생산(170±10일, 100~120㎏)하고 있는가?				
		출하돈의 안전성 확보(항생제, 주사 바늘, 농 발생 등)는 철저하게 이루어지는가?				
		출하 시 질병 차단을 위해 출하 운송 담당자 농장 출입 시 소독 철저 및 돈사 내 출입 금지가 이루어지는가?				
		출하 이동 시 구타 및 전기충격기의 사용을 금지(PSE육 발생 최소화)하고 있는가?				
		정확한 출하 두수 및 출하 체중을 기록하는가?				
		출하 담당과 출하 운송 담당자는 각기 이행 수칙을 철저하게 숙지하여 이행할 수 있도록 수칙을 코팅 제작하여 근무 장소에 부착해 놓았는가?				

※ **위탁 관리**
 1. 위탁 사육 농가 설정 기준에 맞는 위탁장을 선택하고 있는가?
 2. 위탁장은 본장에서 제시한 제반 관리 지침을 준수하고 있는가?
 3. 상호 신뢰 구축으로 윈-윈 전략을 수립하여 이행하는가?
※ **생산 번식 및 시설 계획 관리**
 1. 각종 산출식에 대한 정확한 이해와 농장 시설에 맞는 사육 규모가 설정되어 있는가?
 2. 생산 목표지수, 예컨대 모돈 회전율, 분만율, 연간 모돈 갱신율, 평균 이유 두수 설정 후 교배 복수 설정 및 후보돈 도입 계획이 수립되고 있는가?
 3. 사육단계별 적정 사육 두수를 파악한 후 시설 점검 및 확대가 이루어지는가?

6

성장 단계별
사료 급여

1. 양돈 사료의 종류 및
   성분 등록 사항
2. 양돈 사료의 종류별 특징 및
   급여 프로그램

6.
성장 단계별
사료 급여

양돈 생산비 중에서 사료비가 전체 생산비의 60~65%로 가장 큰 부분을 차지하고 있다. 본 장에서는 양돈 사료의 성장 단계별 합리적인 급여 프로그램을 제시하고 아울러 각 사료의 특징 및 사용 방법 등을 알아보고자 한다.

1. 양돈 사료의 종류 및 성분 등록 사항

(1) 양돈용 배합사료

우리나라 농림축산식품부의 사료 관리법에 규정된 양돈 사료의 종류 및 성분 등록 사항은 (표1)과 같다. 돼지 사료의 종류는 총 12가지이며, 등록 사항은 영양소 종류에 따라 최대치와 최소치로 구분된다.

| 표 1 | 배합사료의 성분 등록 사항(제9조 제1항 관련) |

명칭	사용 범위 및 용도 (참고 사항)	등록 성분			비고 (확인 사항)
		최소량 (%)	최대량 (%)	기타	
젖먹이 돼지 젖뗀 돼지 육성돈 전기 육성돈 후기	이유 이전 체중 5kg 이상 또는 이유 이후~20kg 체중 20~50kg 체중 50~80kg	조단백질 조지방 칼슘 라이신	조회분 조섬유 인	가소화 에너지 (DE)와 가소화 단백질 (DCP)	
비육돈 비육돈 출하	체중 50kg 또는 80kg~출하 15일 이전 출하 15일 전~출하				
번식용 수퇘지 번식용 암퇘지 임신 돼지 포유 돼지	체중 25kg 이상 수퇘지 체중 25kg~임신 이전 임신 중 포유 중				

(2) 대용유 배합사료

양돈용 대용유 배합사료와 달리 (표2)에서 보는 바와 같이 비타민A를 등록 성분으로 규정하고, 유제품에 대한 설명을 추가로 하는 점이 일반 배합사료와 다른 점이다. 우리나라의 경우 양돈용 대용유를 비롯한 갓돈 사료를 일반 사료공장뿐만 아니라 갓난 돼지 사료 전문 공장에도 위탁해 생산하고 있다.

그리고 우리나라와 유럽, 미국 양돈 사료의 원료 조성과 양돈 사료의 특징은 (표3)과 (표4)로 요약된다. 우리나라와 미국의 경우 곡류 위주의 양돈 사료를 생산하고, 유럽은 종실이나 식품 부산물 등을 사용하고 있으며, 그중 네덜란드에서는 곡류 비율이 20% 미만이고, 부산물이 거의 2/3 정도를 차지하고 있다.

표 2 **양돈용 대용유 사료의 성분 등록 사항**

명칭	등록성분			비고(확인사항)
	최소량(%)	최대량(%)	기타	
양돈용 대용유	조단백질 조지방 칼슘 비타민A(IU)	조섬유 조회분 인		① 분유(전지 또는 탈지 분유) 및 유장 분말, 유당, 유 조제품을 30% 이상 배합하여야 함 ② 비타민A, D3와 B군 등 복합제와 건강 보조제를 혼합하여야 함 ③ 사용 방법 및 주의 사항
	성분 등록 시 등록 성분 등을 제외할 수 있으나 포장재나 용기 등에 등록 성분에 대한 표시를 하여야 함			

표 3 **주요 나라의 양돈 사료 원료 조성(%)**

구분	미국/한국	유럽	네덜란드
곡류	75	48	19
종실 및 종실 부산물	15	25	32
식품 부산물	2	14	32
우지	3	2	4
기타	5	11	13

　　양돈 사료의 국가별 특징으로는 (표4)에서 나타난 바와 같이 미국이나 유럽의 경우 대부분의 양돈 사료가 펠렛 형태인 반면, 우리나라에서는 가루 형태가 대부분이다. 사료 외관의 경우 원료 사용에 따라 우리나라가 밝고 노란색인 반면, 유럽은 옥수수, 대두박 대신에 보리와 소맥 위주 곡류를 사용하고, 박류도 대두박보다는 채종박 등 기타 박류를 주로 사용함으로써 회색이 많다. 우리나라 양돈 사료는 단백질이나 에너지 수준이 상대적으로 높은 편이며, 유럽의 사료는 환경 오염에 매우 민감하여 단백질 수준이 매우 낮고 에너지 함량도 미국이나 우리나라에 비해 낮다. 미국은 아직 양돈 사

료에 항생제를 사용할 수 있지만, 우리나라와 유럽은 사료 내 항생제 사용이 금지되고 있다. 특히 유럽은 사료 첨가 물질로 효소나 유기산을 사용하고 있으며, 우리나라는 다양한 종류의 항생제 대체물질을 첨가해 사용하고 있다.

표 4 주요 나라 양돈 사료 특징

구분	미국	네덜란드/덴마크/프랑스	한국
외관	밝은색	회색	밝고 노란색
형태	펠렛	펠렛	가루
에너지	중간	낮음	높음
단백질	낮음	매우 낮음	중간
기타	항생제	효소, 유기산	대체 물질, 농장주가 첨가

2. 양돈 사료 종류별 특징 및 급여 프로그램

양돈장에서 급여하는 양돈 사료의 종류는 많으면 많을수록 정밀하게 돼지의 영양소 요구량을 충족시킬 수 있을 뿐만 아니라 분뇨로 배출되는 인이나 질소 함량을 줄일 수 있는 이점이 있으나 현실적으로 여러 종류의 사료를 양돈장에서 적용하기는 어려운 점이 많다[그림1 참조].

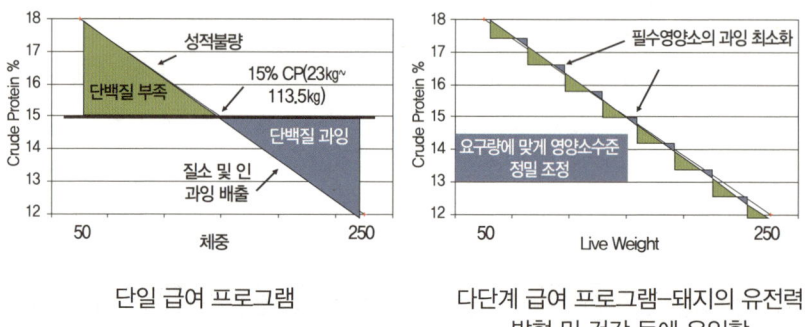

그림 1 사료 영양 관리 – 단일 및 다단계 급여 프로그램

단일 급여 프로그램

다단계 급여 프로그램–돼지의 유전력
발현 및 건강 등에 유익함

한편 사료 종류가 너무 적으면 영양소 요구량을 맞추는 데 힘들어 초기 단계에는 영양소 공급이 부족하게 되고, 후기 단계에서는 영양소 공급이 요구량을 초과하여 낭비되는 결과를 가져온다. 유럽 일부 농장에서는 돼지의 성장 단계에 따라 고영양 수준의 사료와 저영양 수준의 사료의 혼합 비율을 달리하여 요구량에 맞는 사료 공급을 하는 곳도 있다. 따라서 농장에서 실제로 적용할 수 있는 양돈 사료의 종류별 특징 및 급여 프로그램을 살펴보고자 한다.

(1) 갓난 돼지(젖먹이와 젖뗀 돼지)

통상 갓난 돼지 사료는 물에 타서 급여하는 대용유와 일반적인 갓난 돼지 사료로 구분되는데, 갓난 돼지 사료는 1호와 2호 그리고 3호로 나누어 급여되고 있다.

대용유 사료의 경우 글자 그대로 어미 돼지 젖을 대용하는 사료로 유제품 원료를 많이 함유하고 있고, 액상 급여가 가능하도록 가루 형태로 되어 있다. 대용유 사료는 어미 돼지가 젖 생산량이 충분치 않거나, 많은 두수의 새끼 돼지를 분만하여 모든 새끼들이 어미 젖을 섭취하지 못할 경우 물에 타서 급여하게 된다.

대용유 제조 및 급여 방법

대용유 제조 및 급여 시 물의 온도는 37도에서 40도 사이로 한다. 너무 차거나 뜨거우면 대용유 섭취량이 떨어지게 된다.

대용유의 물 희석 비율은 어미 젖의 수분 함량과 같은 85%로 한다. 즉, 대용유 150g을 용기에 담아 1ℓ 될 때까지 물을 부으면 85% 수분 함량의 대용유가 된다. 질병을 차단하기 위해 급이기는 수시로 세척하여 청결을 유지하도록 한다.

대용유의 신선도를 유지하기 위해 소량씩 자주 급여하도록 한다. 적어도 1일 3회 이상 제조하여 변질되거나 부패되지 않도록 하며, 급이기에 남은 잔량은 반드시 폐기한다.

한꺼번에 많은 양을 급여하면 과식에 의한 설사병이 발생하므로 반드시 소량씩 자주 급여하는 게 좋다. 만약 설사가 발생하면 급여량을 줄이고 전해질 제제, 혹은 수용성 항생제나 생균제 등을 첨가하여 급여하도록 한다. 그렇게 급여하면 과식에 의한 설사도 예방할 수 있다.

• 대용유 권장 급여량

대용유는 완전 모유 대체용으로 급여하는 경우와 모유의 보충 형태로 급여하는 경우로 나눌 수 있으며, 급여량은 아래 표를 참고하면 된다.

• 완전 대용유 급여 시(체중 기준)

포유 자돈 체중, kg	1일 대용유 급여량, mℓ
1	500
2	1,000
3	1,100
4	1,300
5	1,600

• 모유 보충 급여 시(일령 기준)

포유 자돈 일령	1일 대용유 급여량, mℓ
출생 ~ 3일령	100
~ 6일령	200
~ 9일령	400
~ 12일령	600
~ 15일령	800
~ 18일령	1,000

(2) 갓난 돼지 사료 급여 프로그램

① 종전에는 갓난 돼지를 10주령까지 급여했는데, 현재는 [그림 2]에서 보는 바와 같이 생후 8주령까지 1호, 2호 그리고 3호 사료를 급여하는 것을 표준으로 하고 있으며, 농장 사양 관리나 환경에 따라 8주령보다 1주일을 단축하거나 1주일을 연장 급여하는 경우도 있다. 이유 전기 사료인 2호 사료와 이유 후기 사료인 3호 사료를 이유 후 각각 2주간씩 급여하는 것을 권장하나, 농장이나 돼지의 상태에 따라 급여 기간을 달리할 수 있다.

② 최근에는 대용유 등 입 붙이기 사료를 생후 10일령이나 14일령 경에 급여하여 과거 5일령이나 7일령에 급여하는 것보다 늦게 급여하는 경우가 증가하고 있다. 이는 과거에 비해 돈사 환경이나 사양 관리 기법이 크게 발전했기 때문이다. 또한 입 붙이기 사료 가격이 매우 비싸므로 늦게 급여할수록 사료비 절감 효과가 높아지기 때문이다.

③ 우리나라 평균 이유 일령은 화요일 분만, 목요일 이유 기준으로 보면 평균 24~25일이다. 사실, 이유에 따른 환경 변화와 사료 교체 등의 스트레스가 매우 크므로 이유 후 1주일간의 사료 급여가 매우 중요하다. 이유 후 1주일간 섭취량 증가에 따른 증체량 증대가 출하 일령에 크게 영향을 미친다는 여러 연구 결과들이 있다. 스트레스에 따른 사료 섭취량 감소를 방지하고자 이유 전에 급여했던 사료와 이유 후에 급여할 사료를 3~5일간 혼합 비율을 달리하여 사료 교체 스트레스를 줄이고 있다.

④ 한편 이유 후 1주일간이 가장 스트레스가 심하고 섭취량 감소가 크게 나타나므로 이 기간의 액상 급여를 비교한 결과에 의하면 (표5)에서 보는 바와 같이 액상 급여가 모유 섭취 혹은 고형 사료 급여 시보다 증체량이 크게 증가한다는 것을 볼 수 있다. 이 경우 액상 급여 시 주의할 점은 대용유 급여와 마찬가지로 소량씩 자주 급여하도록 하여 항상 신선한 상태를 유지해야 한다.

항목	18일령	25일령		
		어미 젖 포유	액상 급여	고형 사료
체중, kg	4.77	6.66	8.01	5.83
단백질, kg	0.73	1.04	1.16	0.91
지방, kg	0.55	0.8	0.94	0.52
회분, kg	0.14	0.21	0.2	0.18
수분, kg	3.37	4.64	5.73	4.26

표 5 이유 후 1주일간 급여 방법에 따른 증체량 및 체조성

⑤ 최근에는 자돈을 육성 비육사로 이동할 때 이유 후기 사료에서 육성 전기 사료로 바로 교체하지 않고 약 1주일 혹은 10일간 전이 사료(Transit feed)를 급여함으로써 사료 영양 수준의 급격한 변화와 사육 환경 이동에 따른 스트레스를 줄일 수 있다. 이뿐만 아니라 돈군 균일도 증대로 생산성 향상 효과를 가져올 수 있다.

⑥ 최근 갓돈 사료 급여 동향을 보면 첫째, 돼지 출하 두당 사료량에서 갓돈 사료의 비율이 과거 5~6%에서 현재는 5% 이하, 혹은 4%까지 비율이 낮아져 적게 급여하는 경향이 매우 뚜렷하다. 이러한 결과는 정밀한 영양 급여 프로그램 적용과 사육 환경(인큐베이터 설치와 환기 및 온도 관리 등) 그리고 최신 사양 관리 기법 및 인력 관리 등에 기인한다. 따라서 전체 사료비 중에서 갓돈 사료의 비율을 10% 이하로 관리하는 것이 사료비를 절감하는 데 매우 중요하다.

그림 2 갓돈 사료 급여 프로그램

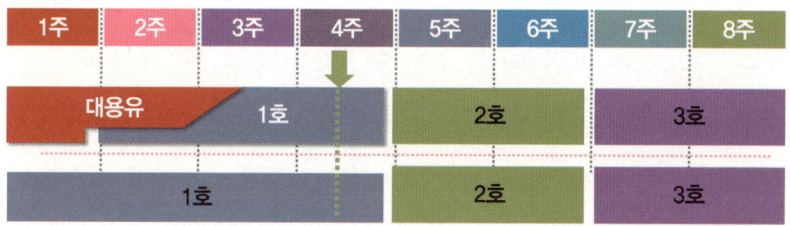

(2) 육성 비육돈 사료 프로그램

이 프로그램은 체중 25~30kg에 자돈사에서 육성 비육사로 이동하여 육성 전기, 육성 후기 혹은 비육돈 사료를 급여하여 출하 시까지의 급여 프로그램을 말한다.

이 기간에 가장 중요한 사료 급여 포인트는 급수기 및 급이기 관리를 통한 돈군 균일도 증대과 사료 허실 방지에 의한 사료 효율 개선, 적정 사료 급여 프로그램 정착으로 사료비 절감, 적정 등지방 및 도체 품질로 돈육 품질 향상에 주의를 기울여야 한다는 점이다.

① 육성 전기와 후기 교체 시기

가장 이상적인 교체 시기는 체중 55~60kg 혹은 100~110일령이지만, 우리나라 전체 양돈 사양가들의 교체 시기를 보면 거의 120일령 혹은 체중 70kg 이후 육성돈 후기로 교체한다는 것을 농림식품축산부 사료 통계를 보면 알 수 있다. 심지어 일부 지역에서는 출하 시까지 육성 전기의 급여를 하는 경향도 있다. 양돈 사양가들은 육성 전기를 길게 잡으면 증체량이 높아져 출하 일령이 단축된다고 믿고 있다. 이는 돼지의 생리에 맞지 않고 필요로 하는 영양소 요구량보다 과잉으로 공급되어 사료비 증가 요인이 될 뿐만 아니라 악취 발생 등의 원인이 되므로 표준 급여 프로그램을 준수하는 것이 중요하다.

② 비육돈 급여 시기

사양가들은 비육돈 사료는 영양적으로 매우 부실하여 급여하면 돼지 성장이 지연되고 분변량이 증가하고 출하 일령이 지연된다고 하면서 비육돈 사료 급여를 기피하는 경향을 보인다. 물론 사양가 입장에서는 실제 급여한 경험에서 나온 사실일 수도 있지만, 돈육 품질과 사료비 절감 등을 위해서는 농장 사정 및 돼지 생리에 맞게 비육돈 사료를 도입하는 것이 좋다. 가장 이상적인 비육돈 사료를 농장에 접목하는 방법으로는 일정 돈군에 시험적으로 출하 1주일 전에 비육돈 사료를 급여하여 육성돈 후기 급여와 비교하여 출하 성적에 문제가 없으면, 다시 다음 시험 돈군에는 2주 전부터 급여해 결과를 분석하여 내 농장에 맞는 비육돈 사료 급여 시기를 정해야 한다. 이상적인 사양 환경과 사양 관리 조건에서는 출하 전 3주간 비육돈 사료를 급여하는 것이 좋다.

③ 등지방과 관련된 급여 관리

우리나라에서는 유럽이나 미국과 달리 등지방이 적당히 있어야

만 등급을 높게 받을 수 있다. 참고로, 유럽과 미국은 지방은 전혀 고려하지 않고 정육량이나 등심 면적 등을 기준으로 등급을 정하고 있다. 현장에서는 등지방 두께와 관련하여 사양가들의 사료 급여에 대한 해결책을 요구하는데 (표6)에서 보는 바와 같이 등지방 두께와 같은 육질 관련 유전력은 사양 관리나 사료보다는 부모 돼지의 유전 형질에 영향을 많이 받는다는 것을 볼 수 있다. 따라서 등지방에 문제가 있다면 사료보다는 모돈 육종이나 정액 등을 살펴보는 것이 좋다. 특히 정액의 경우 공급처로부터 정액 변경 여부 등을 파악하는 것이 좋다. 사료로 접근할 경우 등지방이 얇으면 우지 등 에너시를 보강하여 급여하는 것이 바람직하다. 거꾸로 너무 두꺼우면 에너지 함량이 낮은 비육돈 사료 등을 급여하면 좋다.

표 6	돼지 주요 경제 형질별 유전력	
경제 형질	**유전력, %**
생시 산자 수 및 복체중	10 ~ 20
이유 자돈 수 및 이유 복체중	10 ~ 15
사료 섭취량	30 ~ 40
증체량	25 ~ 35
사료 요구율	25 ~ 35
육질, 육색	25 ~ 35
도체율	30 ~ 35
정육률	40 ~ 70
등지방 두께	40 ~ 60
도체장	60 ~ 70

④ 암수 분리 사육

(표7)에서 보는 바와 같이 돼지의 성별에 따라 섭취량이나 사료 요구율, 등지방 두께 등에서 차이가 나므로 가장 이상적인 방법은 암수를 구분하여 사육하고 또한 사료의 영양 수준도 달리하여 급여하는 것이 가장 합리적이나 현실적으로 돈군의 크기가 주령별 암수 분리 사육이 가능할 정도로 충분히 크면 적용할 수 있으나 실제 양돈 현장에서는 적용하기가 쉽지 않는 것이 사실이다. 일반 양돈장에서는 암수 구분 없이 사육될 뿐만 아니라 돼지의 일령이나 체중도 균일하지 않아 정확하게 돼지의 영양소 요구량을 맞추면서 급여하기가 매우 어려운데, 이러한 문제를 해결하는 방안으로는 육성 비육돈 돈사마다 피드빈 및 급여 라인을 2개 설치하여 2개 구분 사료(육성 전기, 육성 후기 혹은 필요 시 비육돈 사료까지) 급여가 가능하도록 하여 돼지의 상태(일령, 체중)에 따라 사료를 달리 급여하는 것도 좋은 방법이다.

표 7 **성별 차이에 의한 사양 성적**

구분	수퇘지	거세돈	암퇘지
성장률	100	93~95	85~90
사료 섭취량	100	105~109	100
사료 요구율	100	110~118	105~114
등지방 두께	100	125~130	106~120

⑤ 육성 비육돈에 펠렛 사료 급여

유럽이나 미국의 양돈 사료는 임신, 포유돈 사료 등 모돈 사료
까지 포함하여 거의 대부분이 펠렛 형태로 유통되고 있는 반면, 우
리나라의 경우 양돈 사료 중 펠렛 비율이 정확한 통계는 없지만 대
략 10% 초반을 차지하고 있다. 펠렛 사료의 경우, 가공비가 kg당
4~6원 정도 추가되나 원료의 고온 고압 처리에 따른 영양소 이용률
증대와 더불어 사료 허실 방지를 통한 사료 요구율 개선이 적어도
3~5% 이상 나타나기 때문에 양돈 사양 시 펠렛 사료 급여가 절실
히 필요하다고 보인다. 단 펠렛 사료 급여 시 주의할 점으로는 [그
림3]과 [그림4]에서 보는 바와 같이 가루 발생이 많은 펠렛 사료는
가루로 인한 분리 현상으로 사료 요구율이 악화되는 경우가 있을
수 있고, 또한 급이기 종류에 따라 펠렛 사료 급여가 쉽지 않을 수
있다는 것을 감안하여야 한다.

 그림 3 펠렛 품질에 따른 사양 성적

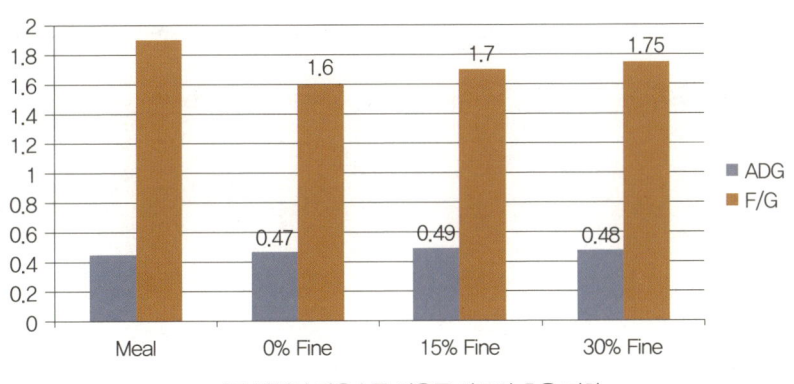

＊가루 발생이 많을수록 비육돈 사료의 효율 저하

그림 4 **펠렛 품질과 사료 효율**

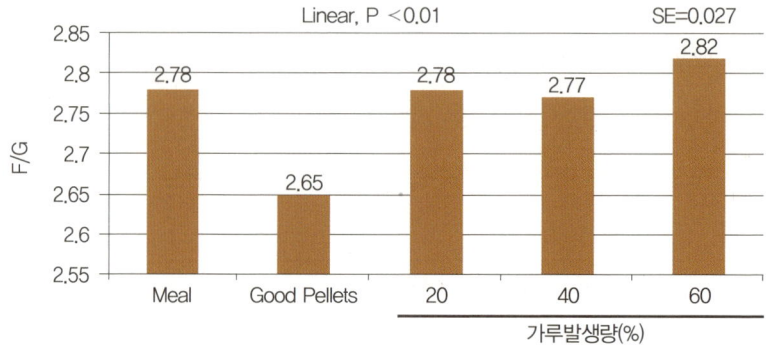

*가루 발생이 적을수록 사료의 효율 개선

⑥ 육성 비육돈 사료 급여 프로그램

권장 급여 프로그램으로 [그림5]에서와 같이 세 가지를 제시하는 데, 첫째는 앞에서 언급한 전이 사료를 접목한 프로그램이며, 둘째 는 표준 급여 프로그램으로 비육돈을 3주간 급여하는 방법이며, 셋 째는 사양 관리나 사육 환경이 열악한 경우, 육성돈으로 출하하는 급여 방법이다. 농장의 사정이나 돼지 상태 그리고 질병 유무에 따 라 선택하여 프로그램을 시행하는 것이 바람직하다.

그림 5 육성 비육돈 급여 프로그램 사례

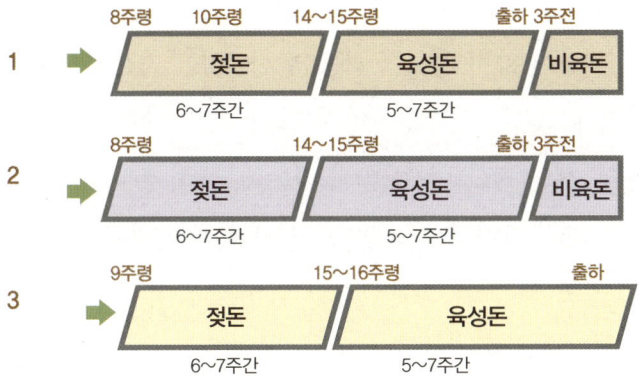

(3) 모돈 사료

모돈 사료로는 임신돈, 포유돈 그리고 후보돈과 웅돈 사료가 있는데, 임신돈과 포유돈 사료를 통합하여 모돈 급여 프로그램을 제시하고 후보돈과 웅돈은 별도로 간략하게 언급하고자 한다

① 임신돈 사료

임신돈 사료는 양돈 사료 중에서 유일하게 제한 급여를 실시하는 사료이므로 무엇보다 사료 비중에 주의를 기울여 급여하는 것이 중요하다. 예를 들어, 너무 비중이 낮으면 실제 섭취하는 영양소 함량이 떨어지고, 너무 비중이 높으면 영양소 과잉 섭취로 번식에 문제가 나타날 수 있다. 통상 적정 비중으로 550 g/ℓ가 적당하다. 주간 단위로 비중을 측정하여 사료 급이기의 눈금을 조절하여 필요한 만큼의 영양소가 충분히 급여되도록 해야 한다.

임신 기간 중 사료 섭취량이 많으면 포유 기간 중 사료 섭취량이 낮아져 재발이나 자돈의 이유 체중 등의 문제가 발생하므로 임신 기간 중 섭취량이 많지 않도록 해야 한다. 임신 기간 중 급여 방법은 [그림6]과 [그림7]에서 보는 바와 같이 덴마크와 우리나라의 모돈 급여 프로그램 간에 차이가 많이 나는데, 특히 종부 후 첫 4주간 우리나라는 배아 사망률 감소를 통한 산자 수 증가를 위해 일일 1.8 kg 전후로 감량 급여를 하는 반면, 덴마크에서는 거꾸로 임신 초기 급여량을 늘리고 임신 중기에 감량 급여하는 것이 특징이다.

그림6 **현재의 모돈 사료 급여 방식**

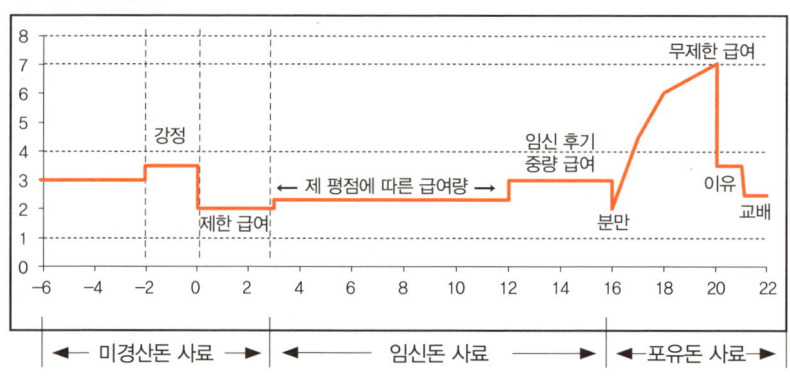

여기서 유념할 부분은 우리나라 임신돈 사료의 영양 수준, 특히 에너지 수준이 덴마크 임신돈 사료보다 매우 높다는 것을 간과해서는 안 된다는 점이다. 미국에서도 우리나라와 비슷한 급여 프로그

램을 제시하고 있는데 아직 어떤 방법이 좋은지는 명확하지 않지만 앞으로 고민해야 할 부분인 것은 틀림없다.

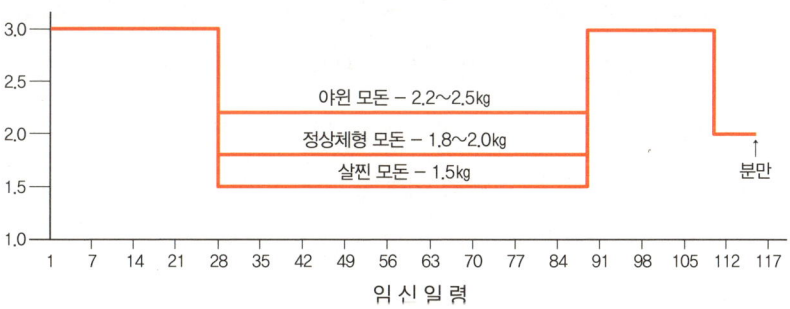

그림7 덴마크 댄브레드 종돈회사의 임신 기간 중 사료 급여

한편 서울대학교에서 연구 시험을 통하여 나타난 결과를 바탕으로 임신 기간 중 단일 급여량을 권장하기도 한다[그림8].

또한 돼지 육종 회사인 PIC는 [그림9]에서와 같이 경산돈과 후보돈으로 나누어 급여 프로그램을 시행하는데, 후보돈의 경우 임신 90일령까지 일정량을 급여하다가 그 후 돌아먹이기의 일종으로 급여량을 늘리고, 경산돈의 경우에는 덴마크와 유사하게 처음 4주간은 감량 급여, 그 후에는 체평점(Body Condition Score)에 따라 급여량을 조절하도록 한다. 임신 기간 중 가장 문제가 되는 것 중 하나는 변비인데, 이는 충분한 물 섭취로 예방할 수 있다. 변비가 심한 경우 소금을 추가로 급여하거나 산화마그네슘을 사료 톤당 3kg 정도 첨가하면 된다.

② 포유돈 사료

포유돈 사료는 임신돈과 달리 포유 기간 중 새끼 돼지 포육을 위해 많은 양의 젖 생산이 필요하므로 사료 섭취량뿐만 아니라 충분한 양의 물 섭취가 매우 중요하다. 급여 프로그램에서 보는 바와 같이 임신 말기 생시 체중을 높이기 위해 돈아먹이기(강정 사양, Flushing Feeding)를 할 때 포유돈 사료를 급여해야 하는데, 일반적으로 분만사 이동 시부터 포유돈 사료를 급여한다. 관리가 잘되고 인력이 충분하면 분만사로 이동하기 전 임신사에서 임신 후반기부터 포유돈 사료를 급여하는 것도 좋은 방법이다.

돈아먹이기(강정 사양, Flushing Feeding)

1. 임신 기간 114일을 3등분했을 경우 마지막 1/3 기간에 태아 발육이 급격히 일어나므로 이러한 태아 발육에 필요한 영양소를 공급하기 위해 임신돈 사료 대신에 에너지와 아미노산이 풍부한 포유돈 사료를 급여하여 충분한 태아 발육을 통해 분만 시 생시 체중 증가를 도모하는 것이 강정 사양의 목적이다.

2. 이상적으로는 임신사에서 임신 후반기부터 임신돈 사료 대신에 포유돈 사료를 급여하는 것이 바람직하나 현실적으로 임신사에서 두 가지 사료를 동시에 관리하기가 쉽지 않으므로 임신돈 사료를 일일 3.0~3.5㎏ 이상 급여하거나 혹은 포유돈 사료를 일일 2.5㎏ 전후로 급여한다.

3. 분만 1주일 전에 분만사로 이동하는 경우가 대부분이므로 분만사로 이동하여 포유돈 사료를 증량 급여하는 것이 일반적 강정 사양 방법이다.

분만 후 포유돈 사료 급여 방법은 두 가지로 아래 (표8)과 (표9)에서 보는 바와 같이 일일 1kg 급여와 일일 0.5kg 증량 급여로 나눌 수 있다. 두 급여 방법에 따른 21일간 총섭취량은 거의 19kg 차이가 나고 일일 섭취량 차이는 5.7kg와 4.8kg로 0.9kg 이상 차이가 난다는 것을 알 수 있다. 분만 후 일일 사료 증량 차이에 따른 포유 기간 사료 총섭취량과 일일 사료 섭취량은 (표8)에서 나타난 바와 같이 큰 차이가 난다는 것을 알 수 있다. 포유돈은 사료 못지않게 음수량도 매우 중요하다. 예를 들면, 어미 돼지의 젖 성분의 85% 정도가 수분이고 또한 포유돈은 하루 중 서 있는 시간이 거의 1시간밖에 되지 않으므로 충분한 음수량을 확보하여 모유 생산량을 늘려 이유 체중 증가와 사료 섭취량 증가로 재귀 발정 및 다음 산차 번식 성적을 개선하는 것이 매우 중요하다. 포유 기간에 포유 모돈이 가급적 많은 양의 사료를 섭취하도록 하기 위해서는 돈사 내 온도 관리가 매우 중요하다.

표 8 **포유 기간 일일 섭취량 증량에 따른 섭취량 변화**

일일 최대 섭취량	일일 1kg 증량		일일 0.5kg 증량		차이	
	평균	총량	평균	총량	평균	총량
6	5	105	4.4	92	0.6	13
7	5.7	120	4.8	101	0.9	19
8	6.4	134	5.1	107	1.3	27
9	7	147	5.2	109	1.8	38
10	7.6	160	5.5	116	2.1	44

표 9 포유 기간 중 사료 급여 방법

일자	일일 1kg 증량	일일 0.5kg 증량
분만 당일	1	1
2	2	1.5
3	3	2
4	4	2.5
5	5	3
6	6	3.5
7	7	4
8	7	4.5
9	7	5
10	7	5.5
11	7	6
12	7	6.5
13	7	7
14	7	7
15	7	7
16	7	7
17	7	7
18	7	7
19	7	7
20	7	7
계	119	101
평균	5.7	4.8

③ 임신 포유 기간 중 사료 급여 프로그램

그림 8 서울대학교 모돈 급여 프로그램

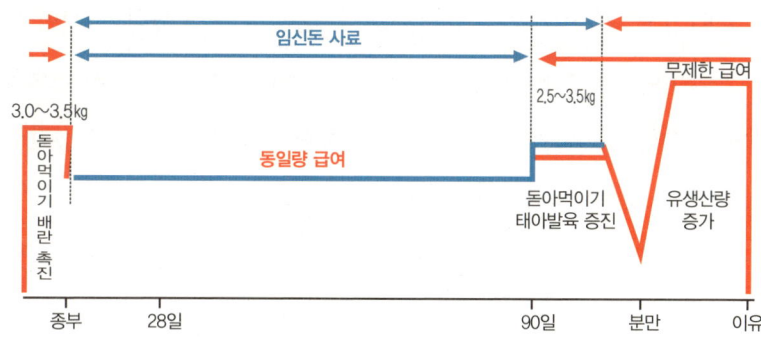

그림 9 PIC 모돈 사료 급여 프로그램

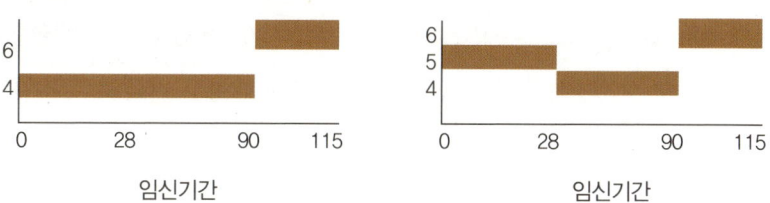

임신기간   임신기간

④ 후보돈 사료

　후보돈 사료 급여의 가장 중요한 특징은 모돈의 유전 능력 발현
을 위한 선발과 교배에 맞게 급여하는 것이다. 최근 돼지 육종 방향
이 지방을 줄이고 살코기를 늘리는 방향으로 전환됨에 따라 등지
방 두께가 얇아지는 경향이 있는데, 최근의 연구 결과에 의하면 등
지방 두께가 후보돈 선발과 교배에 매우 중요하며, 또한 모돈 일생

의 번식 성적은 등지방 두께에 영향을 많이 받아 등지방 두께가 교배 시 18~20㎜일 경우 모돈 일생 동안 생산 자돈 수가 가장 많다는 것이 밝혀졌다. 후보돈 급여 관리와 관련하여 후보돈은 비육돈과 같이 비육 기간에 많은 양의 정육을 생산하여 출하하는 것이 목표가 아니다. 후보돈 육성은 빠른 증체보다는 골격과 근육을 정상적으로 발달시키고 성성숙을 촉진해 호르몬의 분비와 번식 기관을 균형적으로 발달시키는 것이 목적이다.

이를 위해 (표10)에서와 같이 80~90kg에 선발하여 초종부 2주 전부터 후보돈 사료를 충분한 운동과 함께 1일 두당 2.5kg으로 제한 급여하여 과비를 방지하면서 일당 증체중 0.55~0.6kg의 적절한 성장을 이루게 한다. 후보돈이 과비되면 지방이 과다하게 축적되어 성성숙의 발달이 늦어지고 성호르몬의 분비가 불량하여 수태율이 저하되며 비유 능력도 떨어지게 된다. 이어 종부 2주 전부터 종부 시까지는 1일 두당 1kg 추가 급여로 배란 촉진을 위한 종부 전 돌아먹이기를 권장한다. 후보돈의 경우 사료 외에 별도로 종합영양제(비타민-미네랄 믹스)를 보충 급여하면 효과가 매우 좋다.

표 10 후보돈 사료 관리 프로그램

구분	적응 기간	체형 관리 기간	발정 교배 기간
일령 및 체중	150~180일령 90~105kg	180~230일령 ~130kg	240일령 이상 140kg 이상
사료 관리	육성돈 사료 제한 급여 일일 증체량이 600g 초과하지 않도록	후보돈(혹은 임신돈) 사료 일일 2.5kg	후보돈 일일 3.5kg 또는 포유돈 사료 일일 3.0kg

⑤ 웅돈 사료

인공수정이 증가하고 정액을 외부에서 구입하는 등으로 인해 일반 양돈장에서 웅돈은 발정 체크용, 혹은 자연교배용으로 일부 보유하고 있음에도 불구하고 웅돈 사료를 별도로 급여하지 않고 있는 실정이다. 주로 양돈장에서 웅돈 대용 사료로 후보돈 사료를 급여하거나 아니면 임신돈 사료로 대체 급여하고 있는 게 일반적이다. 웅돈은 최종 선발(체중 100kg) 후 7~10일까지는 육성돈 사료로 자유 급여하고, 그 후 초교배까지는 일일 2.5kg로 후보돈이나 임신돈 사료로 제한 급여를 한다. 초교배 이후에는 웅돈의 사용 정도에 따라 10% 증량 급여하기도 한다. 웅돈 체중별 급여량은 (표11)에서 보는 바와 같다.

웅돈도 후보돈과 마찬가지로 사료 외에 별도로 종합영양제(비타민-미네랄 믹스)를 보충 급여하면 효과가 매우 좋다.

표 11 **웅돈 체중별 사료 급여량(후보돈 혹은 임신돈 사료 기준)**

체중(kg)	일일 급여량(kg)
150	2.57
200	2.71
250	2.83
300	2.95
350	3.05

(4) 양돈 사료 종류별 적정 사료량과 사료 비율

(표12)에서 보는 바와 같이 이상적인 양돈 사료량 비율로 갓돈 사료량 5% 미만에 사료비 12% 이하로 관리하는 것이 중요하다. 그리고 육성 전기가 전체 사료량이나 사료비에서 25%를 차지하는 것이 적정하나 실제 현장에서는 육성 전기 비율이 육성 후기나 비육 돈보다 높은 실정이다(농림축산식품부 배합사료 생산통계 참고). 한편 사료량이나 사료 비율 등은 단기간보다는 적어도 6개월 이상 조사하여 농장 전체의 적정 사료 급여 프로그램을 살펴보는 것이 필요하다.

표 12 양돈 사료 적정 비율

구분		사료량(%)	사료비(%)	비고
갓돈 사료	1호	0.2	1	포유 기간
	2호	0.8 ~ 1.2	4	
	3호	4.0 ~ 4.3	7	8주령 기준
육성 전기		25	25	
육성 후기 및 비육돈		52	46	26주령 이상
임신돈		11	9	
포유돈		7	8	

7

농장의
방역
위생 관리

7.
농장의
방역 위생 관리

1. 올바른 소독

1 소독을 위한 기본

- 소독 대상에 유기물이 있으면 소독 효과가 감소
- 소독제는 적정 농도 이하로 희석 시 효과가 감소하고, 농도가 높으면 자극성 증가
- 소독제가 얼거나 햇빛에 노출되면 소독력이 감소
- 물로 희석 시 물의 온도가 적정(20~30도)하게 유지되어야 효과적
- 기름기가 있는 바닥, 벽 등은 전용 세정제를 사용
- 작고 밀폐된 장소(차량 내부, 소형 물품 반입 시설 등)는 오존 살균, 자외선 살균을 적절하게 이용
- 분무형 소독제는 15분 이상 마르지 않을 정도로 충분한 양을 사용

• 온도가 낮아서 소독약이 얼면 효과가 없어지므로 이런 경우엔 생 석회의 강알칼리성을 이용하는 것을 고려

2 유기물과 소독력의 관계

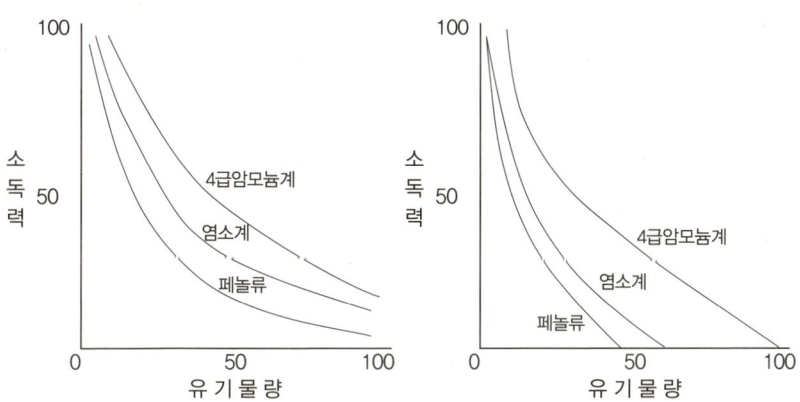

3 소독제의 농도와 소독력의 관계

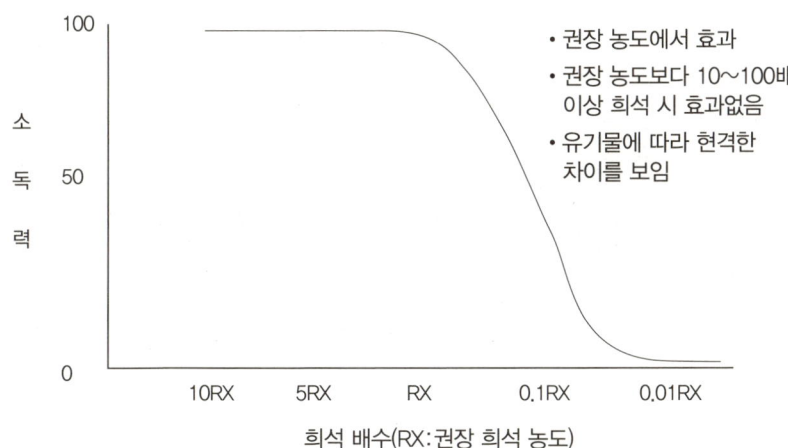

• 권장 농도에서 효과
• 권장 농도보다 10~100배 이상 희석 시 효과없음
• 유기물에 따라 현격한 차이를 보임

◼4 소독제의 접촉 시간과 소독력의 관계

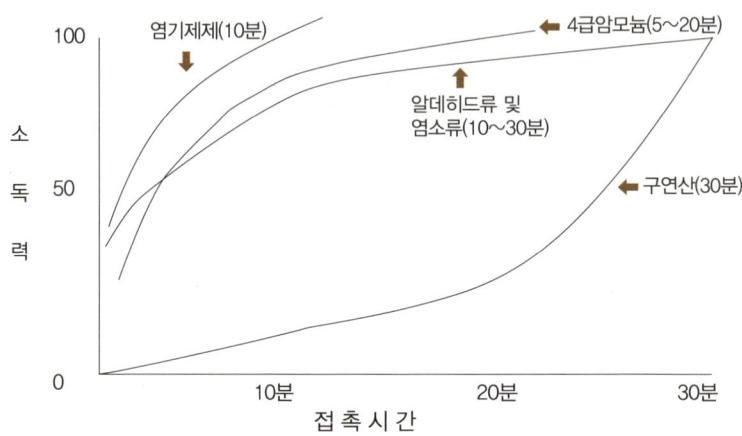

◼5 온도와 소독력의 관계

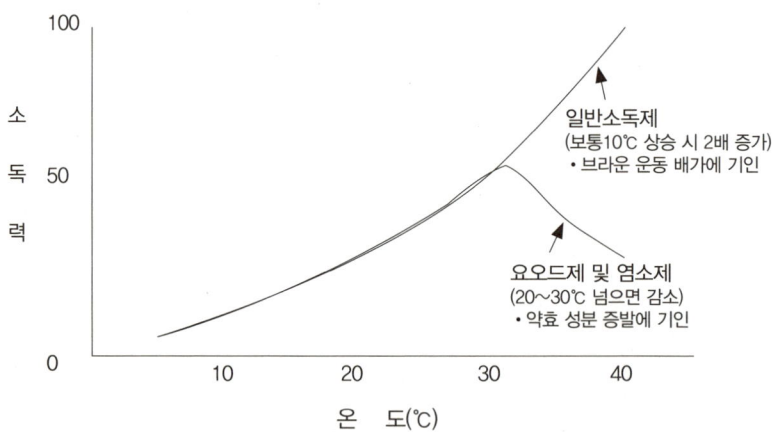

6 자외선의 효과

- PRRSV 30초에 61.68%, 1분에 86.9%, 8분에 99.01%를 살멸
- 돈열 바이러스 1분에 44.17%, 2분에 67.03%, 4분에 96.99%를 살멸
- 조류인플루엔자바이러스 1분에 88.54%, 2분에 97.89%, 4분에 99.58%를 살멸
- PED바이러스 30초에 89.89%, 1분에 92.13%, 4분에 99.11%를 살멸
- 살모넬라균 40분에 90% 이상을 살멸
- 선탠 등에도 사용할 수 있으나 장시간 노출 시 피부 손상
- 직접 비추는 곳에만 효과. 컵 소독 등

7 생석회의 소독 효과

- 물과 접촉 시 200도 이상의 고열 발생
- 강알칼리성으로 지속적 효과(주목적)
- 얼지 않음

8 오존 소독

- 밀폐된 공간
- 15분 정도
- 바닷가 등 자외선이 강한
  곳에서 발생, 휴양 등 목적
- 화장실, 창고 등 소독
- 운전석 등
- 밀폐된 곳에서 고농도, 장기간 노출 시 폐조직 손상 등 우려

(1) 작용 원리

- 오존(O_3)을 발생시켜 살균

  - 오존은 강력한 산화제 역할
  - 세균의 세포벽 파괴(산화분해)
  - 바이러스 RNA와 DNA를
    손상시켜 증식 억제
- 특징 : 무색 무취의 오존을 발생시켜 소독이 어려운 내부시설 등의
  살균, 탈취 효과가 있음
- 적용 장소 : 농장의 물품 반입고, 각종 소독 시설, 차량 내부 등

(2) 오존의 특징

- 무색 무취이나 유기물 접촉 시 약간의 비린내 발생 가능

- 염소보다 강한 산화제로 살균 효과가 뛰어남
- 냄새 원인 분자와 결합하여 분자 파괴로 탈취 기능이 있음

(3) 오존 살균의 장·단점
- 장점 : 모든 박테리아와 바이러스 살균 가능, 소독 효과가 매우 빠르고 소독 후 부산물이 없음
- 단점 : 소독의 잔류 효과가 없음(저장 불가능, 현장 생산한 후 바로 소독) 소독 후 환기 필수(과흡입 시 인체에 나쁜 영향)

2. 질병에 관여하는 요소들

1 역학적인 면

(1) 돈사 간 혹은 돈사 내에서 돼지의 이동 방법

(2) 돈군의 구성과 혼합
합사 등으로 인한 투쟁은 면역력을 떨어뜨린다.

(3) 사육 규모

규모 확대에 따라서 호흡기 질병의 발생이 증가한다. 특히 급속하게 두수를 늘리는 농장에서는 갑자기 각종 질병 피해도 증가하는 것을 볼 수 있다.

(4) 바닥 면적

비육돈은 최소한 두당 면적이 0.9㎡ 이상 필요하다. 이보다 밀사이면 호흡기 질병은 증가한다.

(5) 돈사당 사육 두수

• 그룹당 200~300두 이상이면 호흡기 질병이 증가하므로 환경, 환기 관리에 주의가 필요하다.
• 질병 전파는 돈사당 사육 두수가 증가할수록 증가한다.
  ** 질병 전파 정도$= N^2 - N$(N=사육 두수)

2 환경적인 측면

(1) 환기

• 두당 적정 공간
• 시간당 두당 적정 환기량
• 빠른 공기 흐름은 체감 온도 문제를 유발

(2) 온도

- 온도가 낮으면 체내에 있던 세균의 발생이 증가하여 질병이 증가
- 일교차가 12℃ 이상이면 폐렴이 급격하게 증가
- 돈사 내, 돈방 내에서 1일 5℃ 이상의 일교차는 질병을 유발

(3) 암모니아 가스

- 농도가 높으면 세균의 발생이 증가하여 질병이 증가
- 암모니아 가스 농도와 폐렴 발생은 상관 관계가 있음

(4) 먼지

- 먼지 농도와 폐렴 발생은 상관 관계가 있음

(5) 분뇨 처리 시스템

3 기타

(1) 질병

- 이유 전후의 설사는 폐렴의 위험성을 높임
- 마이코플라스마 폐렴, PRRS 등은 돼지를 위축시키거나 다른 질병을 유발
- 열사병, 곰팡이 등에 의한 중독은 호흡기 질병을 악화시킴

(2) 기생충

• 회충의 체내 이행은 폐렴을 악화시킴

• 개선충은 폐렴 발생의 요인으로 작용함

(3) 영양

• 물 섭취가 제한되면 폐렴 발생 가능성이 높음

• 저단백질 사료는 폐렴을 악화시킴

(4) 이유 스트레스가 질병의 원인

• 이유는 자돈에게 정신적인 스트레스를 유발

• 이유 전 한 시간에 한 번 정도 따뜻한, 금방 생산한 액상의 젖을 먹다가 갑자기 사료를 먹을 때 소화 생리의 변화로 스트레스

• 각자 정해진 젖꼭지가 있다가 이유 후에는 여러 마리가 급이기를 같이 사용하는 문제로 인한 스트레스

• 이유 후 혼합으로 인한 서열 싸움으로 스트레스

1 돼지 호흡기 번식기 증후군(PRRS)

(1) 발병 요인
- 접촉 감염(비강 분비물, 침샘, 분변, 오줌)과 정액 등을 통하여 비말, 경구, 태반 감염
- 운반차량(출하차, 사료차) 및 공기 전파로 발생 가능(3km)

(2) 주요 증상
- 자돈(육성돈) : 기침, 호흡곤란, 폐렴 등 호흡기 증상
- 모돈 : 임신 말기 유사산, 조산, 허약 자돈 분만
- 웅돈 : 정액 성상 이상
- PCV-2, 마이코플라즈마, 헤모필러스, 인플루엔자, P.multocida 등 감염으로 PMWS, PRDC로 발전

임신 말기 유사산 태아

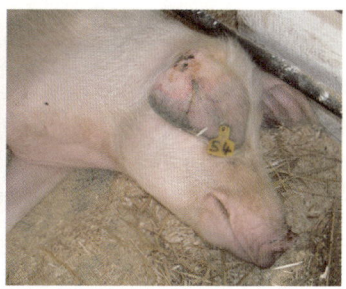
청색증

(3) 치료 및 예방

- 발병 농장 : 감염된 돼지를 농장에서 제거, 6개월 정도 외부에서 돼지 도입을 중단
  : 철저한 순치 과정을 거친 후(항체 양성, 항원 음성)에 기존 돈군에 편입
- PRRS에 감염된 웅돈을 번식 목적으로 사용 금지
- 농장 입구, 돈사 사이에 철저하게 분리된 위생 관리

표 1 PRRS 단계별 관리 포인트

	1단계	2단계	3단계	4단계	5단계
PRRS	불안정	안정이행	안정	청정화이행	청정화
번식 임상 증상	있음	없음	없음	없음	없음
후보돈	PCR(+)	ELISA(+) PCR(−)	ELISA(+) PCR(−)	ELISA(−) PCR(−)	ELISA(−) PCR(−)
모돈 ELISA	(+)	(+)	(+)	(+)/(−)	(−)
모돈 PCR	(+)	(−)	(−)	(−)	(−)
포유 자돈 PCR	(+)	(+)	(−)	(−)	(−)
이유 자돈 PCR	(+)	(+)	번식 안정(+) 번식이유 안정(−)	(−)	(−)
비육돈 ELISA	(+)	(+)	(+)/(−)	(−)	(−)
포인트	• 번식 장애 있음 • 후보돈 순치 불성립(혹은 순치 미실시) • 모돈에서 바이러스 순환 • 모돈 항체가 변이 심함 • 비육돈에서 바이러스 순환	• 번식 장애 증상 없음 • 후보돈 순치 성립 • 포유 자돈 PCR(+) • 비육돈에서 바이러스 순환	• 후보돈 순치에 의해 ELISA(+) / PCR(−) • 모돈 항체가 변이가 적다 • 포유 자돈 PCR(−) • 번식 이유 안정 • 이유까지는 PCR(−)	• 음성 후보돈을 순치없이 도입 시작 • 기존 모돈은 항체(+)	• 음성 후보돈 도입 지속 • 기존 모돈이 모두 항체 음성으로 전환된 상태 • 비육돈도 전부 음성 유지

2 돼지 유행성 설사(PED)

(1) 발병 요인

• 농장 외부에서 출하차, 사람, 기타 경로를 통해 바이러스 유입
• 발병 농장에서 퇴비장 등에 존재하는 바이러스가 면역이 떨어진 돼지에 순환 감염하여 재발

(2) 주요 증상

• 잠복기 : 1~3일 정도
• 1주령 미만 포유 자돈 : 구토 증상 및 심한 수양성 설사, 대부분 폐사
• 이유 자돈 : 수양성 설사 4~6일 지속, 회복되지만 체중 감소가 심함
• 비육돈, 모돈 : 설사 증상, 폐사율 낮음, 번식 모돈은 다음 산차에 번식 성적 저하 초래

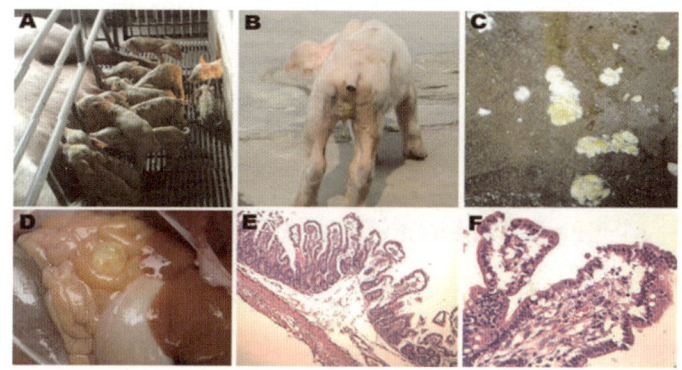

심한 설사와 뚜렷하게 얇아진 소장

(3) 치료 및 예방법

- 바이러스성 질병이므로 근본적인 치료법은 없음
- 설사가 발생한 자돈은 보온, 건조 등의 사양 관리 점검
- 2차 세균 감염을 예방하기 위해 항생제와 전해질 제제의 급여 및 복강 주사
- 농장 상황에 따른 철저한 백신 접종
- 발생 농장에서는 수의사의 지도 아래 인공 감염 등의 방법을 실시

(4) 주의 사항

- 기술적으로 완벽한 백신 효과를 거두기 어려운 질병이므로 백신의 효과에만 너무 의존하지 말고 철저한 방역과 위생 관리 실시
- 감염된 돼지는 자체 증상은 사라지더라도 상당 기간 바이러스를 배설할 수 있으므로 다른 농장이나 면역이 약한 돼지에 대한 감염에 주의
- 최근의 PED는 수개월 내에 재발하는 경우가 많으므로 발생 농장에서는 수의사와 상의하여 관리 대책 수립

3 구제역(Foot and Mouth Disease)

(1) 발병 요인

- 감염돈의 수포에서 바이러스가 배출되어 오염된 분변 등을 통해

전파

- 오염된 차량, 돼지, 사람, 기자재 등을 통해 전파
- 주변 농장에서 야생동물 등을 통하거나 공기 전파 등
- 구제역을 일으키는 바이러스는 7가지 혈청형이 있음(O, A, C, Asia-1, SAT-1, 2, 3)

(2) 주요 증상

- 발굽이 둘로 갈라진 가축인 소, 돼지, 염소, 사슴, 코끼리 등에서 발병
- 잠복기 : 2~14일
- 입속, 콧등, 발굽, 유두 주변 등에 수포 형성
- 침을 흘리거나 제대로 걷지 못하고, 고열
- 심한 경우에는 돈방에서 발톱이 빠진 것이 관찰
- 포유 자돈의 경우 대부분 폐사

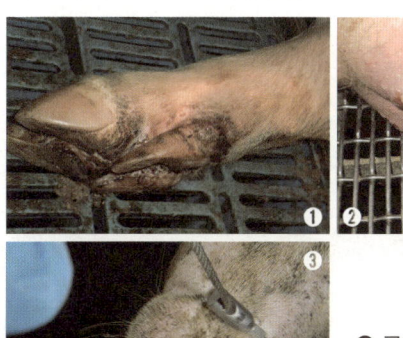
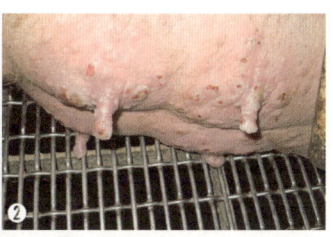
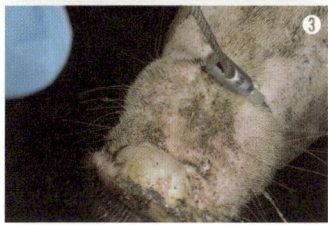

❶ 구제역 발굽 수포 및 파열 후 상처
❷ 구제역 유두 수포
❸ 구제역 콧등 수포

(3) 치료 및 예방

- 바이러스성 질병으로 치료법은 없고 혈청형이 일치하는 백신을 접종하여 예방
- 질병을 전파하는 각종 요인 등을 차단 방역해 예방
- 2014년 12월부터 진천에서 발생하여 큰 피해를 준 구제역의 경우 농장 출입차량, 특히 출하차에 의한 전파가 가장 많은 것으로 나타났으므로 차량에 대한 대책이 가장 중요

표 2 2014~2015년 국내 발생 구제역 전파 경로

총 발생건수	차량	인근 전파	사람	동물 이동
185건	153건	16건	14건	2건

표 3 차량에 대한 구제역 전파 분석

구분	가축운반 차량	사료 차량	정액 차량	약품, 분뇨 차량
건수	100건	41건	4건	각3건

1 항생제의 특성에 대한 이해

(1) MIC와 MBC

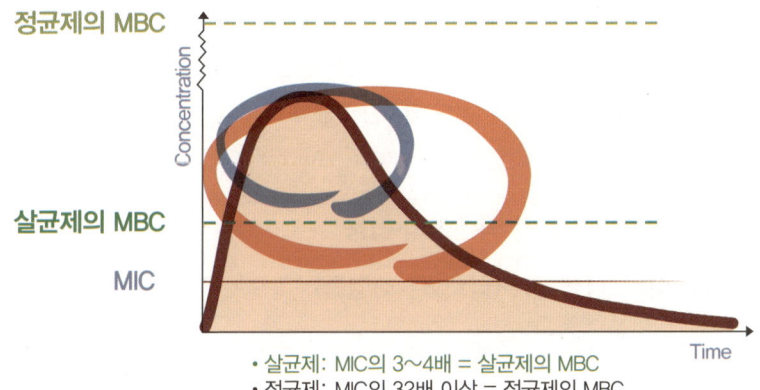

- 살균제: MIC의 3~4배 = 살균제의 MBC
- 정균제: MIC의 32배 이상 = 정균제의 MBC

* MIC : 최소 억제 농도   * MBC : 최소 살균 농도

(2) 농도 의존성과 시간 의존성

① 농도와 효과가 비례하면 농도 의존성

② 농도를 높여도 효과가 높지 않으면 시간 의존성

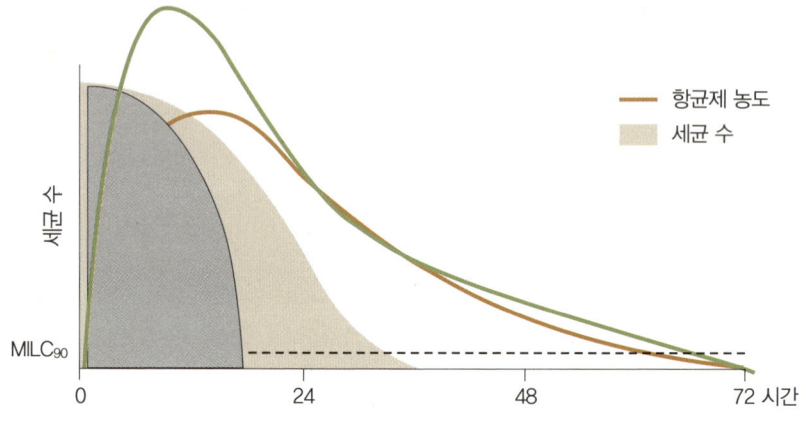

세균 수

항균제 농도

세균 수

MILC₉₀

0   24   48   72 시간

농도 의존성 살균제

(3) 농도 의존성과 시간 의존성의 활용

① 상황이 긴급한 경우(급사↗, 패혈증)

→ 신속한 세균 치료를 위해 농도 의존성 항생제를 2~3배 증량
하여 투여

② 장기간 스트레스에 노출 혹은 면역 부전 상태

→ 치료 기간을 늘릴 수 있는 경우: 시간 의존성 항생제 투여 기간
을 2~3배 늘려서 치료

→ 치료 기간이 제한적인 경우: 농도 의존성 항생제 투여량을
2~3배 늘려서 치료

(4) 분류

살균제				정균제	
베타락탐	**폴리펩타이드**	**퀴놀론**	**아미노글리코사이드**	**테트라사이클린**	**설파제**
페니실린	콜리스틴	엔로플록사신	스트렙토마이신	OTC, CTC	**트리메토프림**
아목사실린		노플록사신	겐타마이신		
압피실린		다노플록사신	네오마이신	**페니콜**	
세프티오퍼			가나마이신	폴로르페니콜	
바시트라신					
				마크로라이드	
				타이로신	
				틸미코신	
시간 의존성		농도 의존성		시간 의존성	
세포벽	세포막	핵	리보솜 [단백질 합성]		엽산대사

2 항생제의 효과적인 사용 방법

(1) 감염 세균 및 항생제 감수성 확인

(2) 항생제의 특성 및 투여 방법 확인

① 허가 사항 및 투여 방법(용량, 기간, 경로, 병용)

② 농장 상황(사양 관리 / 노동력 수준)

③ 치료 비용

3 감염 세균 및 항생제 감수성 확인

임상 증상 +
임상 경험

실험실 진단
(병원균 분리 및 감수성 검사)

부검/현미경 검사 +
감수성 보고서 활용

---

5. 유기산이란?

---

1 일반적인 특징

(1) 유기산 : 탄소를 포함하는 다양한 잔기 그룹을 가진 산성 그룹(COOH)

   예) • 개미산(Formic acid) : R = H

       • 아세트산(Acetic acid) : R = CH3

       • 프로피온산(Propionic acid) : R = CH3-CH2

(2) 유기산은 무기산과 비교하면 약산에 속함

   • 산성분자의 특정 위치만 해리됨(환경의 pH에 따라 해리/비해리)

(3) 유기산은 선택적인 항균 효능을 나타냄(소독제처럼 모든 미생물을 죽이지는 못함)

(4) 유기산은 일반적으로 안전한 것으로 알려져 있다. 따라서 식품이나 사료에 첨가가 허용됨

2 유기산의 작용 기전

- 항균 효과:
  - 사료의 미생물학적 상태를 개선(보존적)
  - 장 미생물에 영향
  - 비해리 유기산에 의한 정균 효과
  - 발효 패턴의 조절(암모니아와 다른 N화합물 수준의 감소)
- 영양 성분의 소화 개선
  - 위 내 pH 감소 : 위 내 소화의 증진, 췌장 분비의 자극
  - 췌장 효소 분비의 증진
  - 상피세포 증식
  - 미네랄 소화
- 중간 대사 작용에 영향

(1) 유기산의 미생물에 대한 직접적인 억제 작용

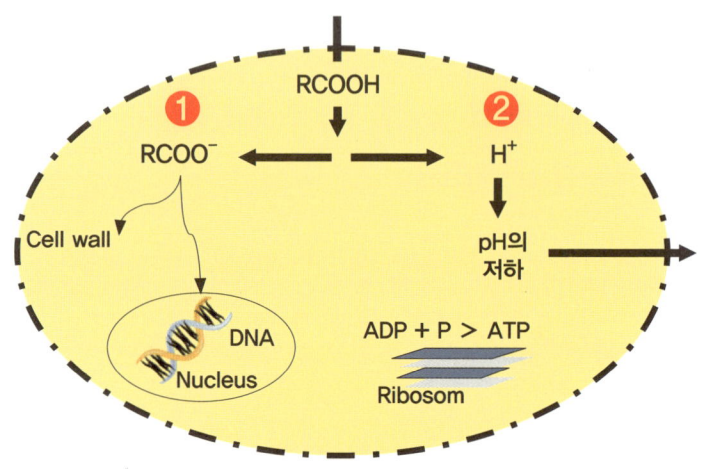

* 무기산은 세포벽을 통과할 수 없음

(2) 유기산에 의한 세포 사멸(전자현미경 사진, 캠필로박터 C4596)

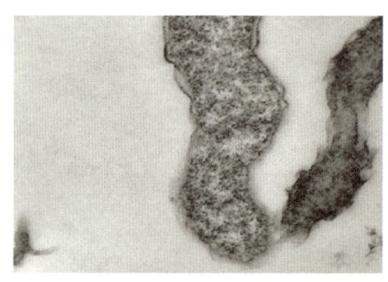

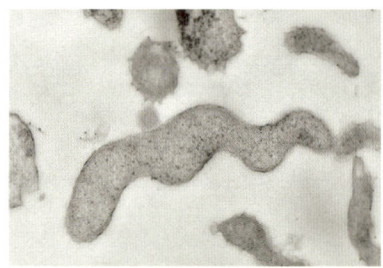

pH 4에서 개미산을 첨가한 후 2시간 배양   pH 5.8에서 2시간 배양

(3) 유기산별 특징

	효모	곰팡이	그람음성 세균
간접적인 효과	pH <1.5	pH <1.5	pH <4.0
직접적인 효과			
개미산	+++	+	+++
아세트산	+	+	+++
프로피온산	+++	+++	++
솔빅산	++++	+++	++++
벤조익산	++	−	+++
젖산	−	−	+??

- 산과 낮은 pH가 유지될 경우 시니지 효과
- 중쇄지방산(카프릴릭산, 카프릭산)의 경우 그람 양성 세균을 효과적으로 억제(연쇄상구균, 클로스트리듐)

(4) 사료 보존제가 위장관에 미치는 영향

① 사료 보존제란 사료 혹은 물 속에 존재하는 미생물의 증식을 억제하는 제제를 의미

② 사료나 물은 위장관계의 미생물 총의 형성을 위한 시작점이 됨

③ 사료나 물에 존재하는 미생물 총의 조성에 대한 유기산의 효과는 위장관의 미생물 총 형성에 대한 이행 효과(carry-over effect)를 유발

(5) 장 형성에 대한 유기산의 효과

　① 식이성 섬유의 미생물 발효에 의해 생성된 단쇄지방산(유기산)이

　　상피세포 분화를 자극

　　　→ 흡수 능력 향상

　② 융모가 발달되어 흡수율 및 증체율 향상

　③ 자돈의 이유 후 설사(특히 대장균)가 감소함

(6) 중간 대사 과정에 미치는 영향

　① 유기산에 의한 산성화는 자발적인 뇨의 배출량을 감소시킴

　② 벤조산에 의한 산성화는 뇨의 pH와 암모니아 배출을 감소시킴

8

농가형 가축
분뇨 처리
시설의 효율적인
관리 방안

1. 활성 슬러지를 이용한
   정화 처리 시설
2. 가축 분뇨의 액비화 및
   퇴비화 시설

8.
농가형 가축 분뇨 처리 시설
의 효율적인 관리 방안

1. 활성 슬러지를 이용한 정화 처리 시설

　농가형 가축 분뇨 정화 시설의 방류수 수질 기준이 지난 3년간의 유예기간을 거쳐 2016년과 2019년 각각 단계적으로 강화될 예정이다. 2013년 1월 1일 이후의 신규 정화 처리 시설은 강화된 기준을 적용받아 농가는 현실적으로 어려움에 직면하고 있다. 특히 수질 기준 중 질소의 경우 돼지 분뇨의 특성상 다른 항목에 비해 처리 효율을 높이기가 힘들다. 이 현실적인 문제를 해결하기 위해서는 우선 기본에 충실한 처리 시설의 운전 및 관리가 중요하다고 판단된다. 따라서 대부분의 가축 분뇨 정화 시설에 적용되고 있는 활성 슬러지 공법에서의 시설 관리 운전 인자와 질소 제거에 관여하는 처리 공정별 관리 요령을 간단하게 설명하고자 한다.

1 운전에 미치는 영향 인자

(1) 유입수의 수질

유입수 내 유기물은 미생물의 먹이로 작용하며, 시설 용량에 알맞게 균등하게 배분하여 처리 시설에 투입해야 한다. 유기물 부하가 증가하면 새로운 미생물이 증식/증대하여 분산된 성장 군집이 발생하고, 침전성 저하를 초래한다.

(2) 영양 물질

일반적인 영양분의 조건은 BOD : N : P = 100 : 5 : 1이나 돼지 분뇨의 경우 평균 20 : 4 : 1로 알려져 있다. 영양분이 부족하면 유기물 제거가 저하되고 사상균이 우점화하여 팽화(Bulking) 현상을 초래한다. 영양분이 과다하면 충분한 처리가 이루어지지 않아 처리 수의 부영양화를 유발한다. 이런 문제로 인해 돼지 분뇨 처리 시설은 타 폐수 시설보다 용량을 더 크게 설계하여야 한다.

(3) 용존산소(DO)

폭기조 최저 용존산소 농도는 0.5mg/ℓ이며, 통상 2~3mg/ℓ 이상이면 운영 관리가 용이하다고 판단할 수 있다. 또한 DO가 0.5mg/ℓ 이하이면 유기물 제거 효율이 저하되며, DO가 지나치게 높으면 동력 낭비, 플럭 해체, 슬러지 부상 또는 SVI가 낮아지며, 처리 수속에 슬러지가 현탁하게 되어 수질이 악화된다.

(4) 온도

미생물의 성장, 번식, 유기물 분해 반응의 속도에 영향을 주는 주요 운전 인자이며, 20~30℃로 관리하여야 한다. 활성 슬러지 처리 시 10℃ 이하, 35℃ 이상이면 처리 기능이 현저하게 저하된다.

(5) 체류 시간

미생물이 유기물을 분해할 수 있도록 충분한 체류 시간이 제공되어야 한다. 일반적으로 폭기조의 수리학적 체류 시간(HRT)은 20일 이상 기준으로 설계하고, 무산소조의 수리학적 체류 시간(HRT)은 5일 이상 기준으로 설계하는 것이 요즘 경향이다.

(6) pH

일반적인 최적 pH는 6.5~8.5이며, 용존산소(DO)와 연계하여 관리한다.

(7) 독성 물질

독성 물질로는 중금속, 합성유기화합물(소독제), 농약, 합성세제 등이 있으며, 이들 물질은 호흡계와 효소반응계를 방해하여 처리 기능을 현저하게 떨어뜨리고 수질을 악화시킨다.

2 질소 제거 및 폭기조 운전 관리 요령

돈사에서 배출되는 분뇨의 총질소(T-N)은 평균 약 3,000~4,000ppm으로 이를 가장 많이 제거하는 공정은 1차 고액 분리로 슬러리 상태의 분뇨에서 얼마나 많은 고형분을 제거하느냐(유기물 포함-BOD)가 성공적인 정화 방류의 출발점이 된다. 예컨대 사람도 한꺼번에 많은 양의 식사를 하면 그만큼 소화시키는 데 힘들고 오래 걸리는 것과 같은 현상이다. 그래서 고액 분리기의 선택은 중요하며 물리·화학적 과정을 거칠 수밖에 없다. 참고로 고액 분리 후 평균 T-N 농도는 1,500~1,800ppm 정도이다.

고액 분리 후 유량조정조를 통해 무산소조로 일정량의 먹이가 공급되어야 하는데 이 부분 또한 안정적 수질을 위한 핵심 요소이다. 예컨대 설계 용량이 30톤/일이면 30톤을 24시간 일정하게 배분하여 처리 시설로 투입하여 처리하는 것이 가장 이상적인 관리 방법이다. 처리 시설에 문제가 있는 농장들은 대부분이 관리자의 편의에 따라 업무시간 내에 전량 처리하고 미생물 관리가 아닌 방류수의 색도 관리에 치중하고 있다. 위의 운전 인자에서도 언급한 바와 같이 안정적인 정화 처리를 위해서는 이 부분을 확실히 개선해야 하며 매우 중요한 운전 관리임을 재차 강조한다.

무산소조는 폭기조에서 질산화된 암모니아성 질소를 질소 가스로 변환시켜 수중 용해성 질소를 없애는 탈질의 핵심 공정(탈질화)

이다. 이 공정의 화학식은 다음과 같다,

$$6NO_3^- + 5CH_3OH \rightarrow 3N_2\uparrow + 5CO_2 + 7H_2O + 6OH^-$$

간단히 말해 탈질 작용은 미생물에 의해 질산성 질소가 질소 가스(N_2)로 환원되는 작용을 지칭하는 것인데, 미생물이 산소가 부족하면 질산(NO_3)에 포함되어 있는 산소를 빼내 이용하므로 질산은 산소를 잃고, 질소 가스(N_2)로 대기에 방출되는 것이다. 탈질 작용에 관여하는 미생물은 많은 종류가 있으나 대표적인 미생물로는 Pseudomonas 와 Bacillus가 있다. 한편, 탈질 미생물들은 종속 영양균에 속하므로 성장을 위해 외부로부터 영양분(탄소)을 공급받아야 하는데, 외부 탄소원으로 사용할 수 있는 물질들은 메탄올, 아세트산, 메탄, 하수 등 유기물이 있다. 가축 분뇨가 줄어드는 겨울철에는 외부 탄소원(메탄올)의 투입이 필요하다.

탈질의 과정은 눈으로 확인할 수 있어 관리가 용이한 편이다. 사진1과 같이 부유 물질이 많이 생기는 것이 특징인데 과폭기, 과부하, 빈부하 등 정상적인 관리가 안 되면 [그림1]과 같은 생성물이 사라지게 되므로 이 부유 물질의 유무만으로도 처리 시설의 운영 상태를 알 수 있다.

그림 1 무산소조의 탈질

　폭기소는 호기성 상태로 미생물에 의해 유기물을 분해하고 암모니아성 질소를 질산성 질소로 산화하는 공정으로 색깔은 적갈색(초콜릿 색깔)을 띠고 거품은 크되 많지 않으며 암모니아 냄새가 전혀 나지 않게 운전하는 것이 중요하다. 기본적으로 20~30℃의 수온을 유지해야 하고 폭기조 후단의 pH는 중성, 용존산소는 2~3ppm 정도로 유지해야 하는 것이 관리의 초점이다. 또한 SV_{30}을 자주 확인하고 400~500㎖/ℓ의 뚜렷한 침전 현상이 나타나야 한다. 폭기조 및 무산소조에서 매일 확인하여야 할 중요한 관리 요소는 다음과 같다. 정상 가동을 위해서는 이들 항목을 매일 확인하고 관리 일지를 작성하는 습관을 갖도록 한다.

· 폭기조 후단의 pH : 7~7.5

· 수온 : 20~30℃

- SV30 : 여름·가을 400~500㎖/ℓ , 봄·겨울 500~600㎖/ℓ

  ※ SV30 - 혼합액 1ℓ를 메스 실린더에서 30분간 침전시켰을 때
  의 슬러지 양

- **무산소조의 부유 물질**

폭기조 후단의 pH는 송풍량과 원수 유입량에 따라 변화가 생기
므로 원수 유입량은 처리 시설 설계 용량에 맞게 반드시 고정해야
하고 송풍량만 조정한다. 송풍량은 계절에 따라 조절하여야 한다.
이는 온도가 낮아질수록 용존하는 산소량이 많아지기 때문이다.
또한 과잉으로 공급된 공기는 거품 발생의 원인으로 작용하므로 이
를 적절하게 관리하여야 한다. 계절별 일반적인 송풍기 가동 시간
은 다음과 같다.

- 여름철 : 50분 가동 10분 휴식
- 겨울철 : 30분 가동 30분 휴식

다음은 정화 처리 시설(활성 슬러지 공정) 운영 시 발생하는 문제
점 및 점검/조치 방법을 간단하게 표로 나타낸 것이다.

표 1 **활성 슬러지 공정 운영 시 발생하는 문제점 및 조치 방법**

발생 문제점	원인	점검/조치 방법
1차 침전조의 슬러지 부상	사상균의 과도 증식, 낮은 유기물 부하, 침전지 체류시간이 길어 탈질화 반응	반송 슬러지의 살균, 유입 부하의 점검, 반송률의 증가, 영양물질의 첨가
폭기조에 황갈색 거품의 발생	SRT(슬러지 체류 시간)가 지나치게 길다	SRT 감소
폭기조 혼합액의 색이 짙어짐	폭기량의 부족	폭기량 증가
폭기조 pH의 감소	질산화 진행, 알칼리 부족	질산화가 필요 없을 경우에는 SRT를 감소시킴, 알칼리 투입
폭기조 수면에 희고 굵은 물결 모양의 거품 형성	초기 운전 시 발생, MLSS 농도가 낮아 과부하 시 발생	SRT 증가, 슬러지 인발량을 줄임, 폭기의 증가
폭기조 수면에 윤이 나고 흑색 또는 황갈색의 거품 발생(점성이 강한 거품)	폭기조의 지부하, MLSS 농도가 높다	슬러지 인발량을 증대
폭기조에서 악취 발생	폭기량 부족	폭기량 증가

마지막으로 [사진2]는 방류수의 색도와 관련된 것이다. 동일한 처리수를 무기응집제의 투입 조건을 달리하여 고액 분리한 것으로 무기응집제, 즉 가성소다와 염화제2철을 어떤 조건에서 얼마나 사용하느냐에 따라 큰 차이가 있음을 알 수 있다. 이에 정화시설을 운영하는 농장들은 정기적으로 분뇨 처리 전문가에게 전반적인 컨설팅을 받아 보기를 권장한다. 이를 통해 처리 시설의 안정적이고 효율적인 운영을 도모할 뿐만 아니라 약품비 등 운영비를 절약할 수 있다.

그림 2 **2차 고액 분리 여액(방류수)의 차이**

2. 가축 분뇨의 액비화 및 퇴비화 시설

　농가에 설치된 액비/퇴비화 시설을 효율적으로 이용하여 양질의 액비와 퇴비를 생산하는 기술 습득이 요즘 이슈가 되고 있는 축산 냄새(악취)를 줄일 수 있는 가장 기본적인 방안임을 알아야 한다. 양질의 액비/퇴비를 생산하여 농경지에 사용함으로써 자원 순환 농업에 이바지할 뿐만 아니라 축산 냄새의 발생 원인을 파악하고 처리 시설을 철저하게 관리함으로써 양돈업이 지속가능한 산업으로 발전해야 한다. 돼지 분뇨 자원화 시설의 효율적인 관리 방안으로는 우선 자기 양돈장의 돈사 형태 및 분뇨 수거 형태, 계절별 분뇨 성상, 자원화 시설의 정확한 처리 용량을 파악하여 자기 농장에 가장 적합한 관리 계획을 수립하는 것이다.

다음은 대한한돈협회와 국립축산과학원의 곽정훈 농업연구관이 제시한 자원화 시설의 관리 및 점검 사항을 일부 발췌하여 작성한 것이다. 본 자료를 참고하여 자원화 시설의 효율적인 관리가 이루어지길 바란다.

1 액비화 시설

(1) 액비 상태에 따른 운영 관리 방안

공기를 공급하지 않는 비폭기 시와 공기를 공급해 주는 폭기 시로 나누어 액비 상태를 점검하고 그에 따른 조치 방법을 (표2)에 제시하였다.

표 2 비폭기 시 액비 상태에 따른 운영 관리 방안

가동 상태	현 상	원 인	조치 방법
비 폭기 시	액비 표면으로 미세한 기포가 여기저기서 많이 올라옴	• 침전 슬러지 층이 형성되어 부패 현상이 발생함	• 끝이 뾰족한 장대로 액비조 바닥을 찔러서 좌우로 움직여 보면서 침전물 형성 정도를 확인한 후 침전물이 두꺼우면 침전물 제거 작업을 실시함
	비주기적으로 커다란 기포가 여기저기서 용솟음 치듯이 올라오고 검고 굵은 입자성 물질이 따라 올라와서 사방으로 흩어짐	• 침전 슬러지 층이 형성되어 혐기적 분해 및 부패 현상이 발생함	• 끝이 뾰족한 장대로 액비조 바닥을 찔러서 좌우로 움직여 보면서 침전물 형성 정도를 확인한 후 침전물이 두꺼우면 침전물 제거 작업을 실시함

가동 상태	현 상	원 인	조치 방법
비 폭기 시	슬러리 표면에 얇고 하얀 막 형태의 물질이 형성됨	• 침전물이 형성되어 있음 • 유기물이 부패되고 곰팡이 등 실 모양의 균이 증식함	• 침전물 제거 작업을 실시
	액비가 연한 녹색을 띰	• 액비가 과도하게 산화됨 • 슬러리의 액비조 내 체류 시간이 너무 김 • 녹조류가 발생함	• 액비를 배출하거나 슬러리를 추가로 유입

표3 폭기 시 액비 상태에 따른 운영 관리 방안

가동 상태	현 상	원 인	조치 방법
폭기 시	액비가 검은색을 띠고 부유물이 많이 올라옴	• 유입되는 공기량이 부족함 • 침전된 슬러지가 많음	• 공기 공급 장치를 점검하고 송풍량을 늘림 • 송풍기 용량이 적절한지 여부를 점검하고 필요 시 송풍기 용량을 늘림 • 침전물이 과도하게 형성된 경우 제거 작업을 수행
	액비에서 냄새가 많이 남	• 고형물 함량이 높음 • 액비화가 완료되지 않음 • 유입되는 공기량이 부족함 • 침전된 슬러지가 부패함	• 원수 유입량이 너무 많은지 검토하고 필요 시 원수 유입량을 줄임 • 유입되는 슬러리의 고액 분리 정도를 확인하고 필요 시 고액 분리 효율을 높임 • 액비화 시설 내 액비의 체류 시간을 더 길게 함 • 송풍기 상태를 확인하고 송풍량을 늘림 • 침전된 슬러지가 원인이면 침전물 제거 작업 실시

가동 상태	현 상	원 인	조치 방법
폭기 시	액비화조에 부유물 층 (떠 있는 물질 층)이 형성됨	• 부유물 형성 층이 검은색이나 회색이면 주입 공기량 부족 • 침전 슬러지 층이 형성됨	• 송풍량을 늘림 • 원수 유입량을 줄임 • 침전된 슬러지가 원인이면 침전물 제거 작업 실시
		• 부유물 형성 층이 갈색이면 과도하게 산화된 상태임 • 슬러지가 침전되어 있음	• 폭기량을 조절하지 않을 경우 원수 유입량을 늘리거나 처리 기간을 줄임 • 처리량을 변경하지 않을 경우에는 공기 공급량을 줄임 • 침전된 슬러지가 원인이면 침전물 제거 작업 실시
	액비 표면으로의 기포 상승이 안 되는 부분이 있음	• 일부 산기관이 막힘 • 침전 슬러지 층이 형성됨	• 송풍 및 산기 시설을 점검하고 문제가 되는 부분 수리 • 침전된 슬러지가 원인이면 침전물 제거 작업 실시
	액비화조 내에서 액비의 유동이 없거나 한 쪽으로만의 흐름이 발생함	• 산기관의 전체 또는 일부분이 막힘 • 침전 슬러지 층이 산기부(공기 유출부)의 작동을 방해함	• 송풍 및 산기 시설을 점검하고 문제가 되는 부분을 수리 • 침전물을 제거한 후 재가동함
	폭기조를 넘쳐흐를 정도로 거품이 많이 발생함	• 원수 유입량의 과다 • 송풍량이 과도하게 많음 • 액비조 온도가 과도하게 상승 • 액비조 내 미생물의 활력이 감소	• 원수 유입량을 조절 • 송풍량을 줄여도 됨 • 소포장치 가동 • 슬래브 형태의 액비화 시설이면 여름철 등 고온기에는 슬래브의 온도 상승을 낮추는 방법 적용 • 송풍 시설에서 유입되는 유입 공기 배관이 햇볕에 직접 노출되는 것을 방지하거나 물 등을 이용하여 온도를 낮춤 • 액비조 내 미생물의 활력이 감소한 경우에는 상태가 좋은 다른 폭기조의 액을 유입

그림 3 **검은색 액비**　　그림 4 **침전된 슬러지**　　그림 5 **거품 형성**

- 검은색 액비는 슬러리 유입량이 너무 많거나 액비조에 유입되는 공기량(폭기량)이 부족할 경우에 발생하기 쉽다. 이 경우에는 슬러리 유입량을 줄이거나 폭기량을 증가시키는 방법으로 정상화한다. 또한 액비조 내 침전물(슬러지)이 과도하게 쌓여 있을 경우에도 침전물의 부패나 침전물 떠오름 현상으로 인해 액비가 검은색을 띨 수도 있다.

- 액비화 시설의 사용 기간이 경과함에 따라 슬러지가 침전하게 된다. 침전된 슬러지는 액비화 과정에서 액비 품질을 떨어뜨리고 냄새 발생을 증가시킬 수 있으며 액비 사용 시 민원 요인이 될 수 있으므로 과도하게 쌓인 침전물은 제거한다.

- 액비 표면의 두꺼운 거품은 액비화 상태가 완전하지 않음을 의미한다. 이 경우에는 원수 유입량이나 주입 공기량을 점검한다. 폭기조 내 액비 온도가 높을 경우에도 거품이 많아지며, 미생물 활력이 좋지 않을 경우에도 거품 발생이 많아질 수 있다. 필요 시 소포장치를 이용하여 거품 형성을 줄이도록 한다. 액비조 내 미생물의 활력이 감소한 경우에는 상태가 좋은 다른 폭기조의 액을 유입한다.

• 액비 품질을 높이기 위해서는 액비 상태에 따른 액비화 시설 운영 관리도 중요하지만 고액 분리기, 액비 냄새 확산 방지 시설, 액비 운송 및 살포 차량 등 액비화 관련 시설 및 장비의 정상적 운영을 위한 정비 관리에도 주의를 기울여야 한다. 시설과 장비 사용법을 잘 숙지하고 관리 및 점검 기록표를 작성하여 주기적으로 점검하고 필요 시 즉시 정비를 하면 시설의 정상 운영 및 내구 연한 연장이 가능하므로 시설 운영의 경제성 확보에도 도움이 된다.

(2) 액비화 시설이 정상적으로 운영되고 있는 상황

현 상	요 인	조치 방법
액비가 밤색(갈색) 계통의 색깔을 띰	• 액비 부숙 상태 양호	• 상태 유지
깨알만한 덩어리들이 서로 엉겨붙지 않고 떠다니거나 액비조 내 상하층으로 움직임 (폭기하지 않으면 느린 속도로 가라앉음)	• 액비 부숙 후 상당 기간 경과	• 상태 유지 • 원수 유입량을 늘려 운영
거품이 적게 발생하고 발생된 거품도 잘 없어짐	• 액비 부숙 상태 양호	• 상태 유지
냄새가 아주 약함	• 액비 부숙 상태 양호	• 상태 유지

그림 5 양호한 액비 부숙 상태

2 퇴비화 시설

(1) 시설 점검 사항

- 충분한 수분 조절제(톱밥, 왕겨 등) 사용을 통한 처리 효율 증대 및 냄새 저감
- 우수 유입, 침투를 방지할 수 있는 지붕 및 측벽 설치 여부 확인
- 1차 퇴비화조와 2차 퇴비화조(퇴적장)에 방지턱 및 배수 홈통 설치 여부 확인
- 1차 퇴비화조의 적정 용량 확보 여부 확인
- 1차 퇴비화조의 유효 높이(2.0m) 이상 확보 여부 확인
- 1차 퇴비화조의 송풍 시설(0.05~0.2㎥/min) 확보 여부 확인
- 2차 퇴비화조(퇴적장)의 유효 용량 확보 여부 확인
  * 퇴적송풍식 톱밥 발효시설 : 1차 퇴비화조 용량의 3배 이상 유지
  * 기계교반식 톱밥 발효시설 : 1차 퇴비화조 용량의 1배 이상 유지
- 송풍에 의한 퇴비화 과정에서 수분이 증발하므로 1일 퇴비화조 ㎥당 약 5ℓ의 수분 증발을 위해서는 반드시 ㎥당 0.15㎥ 이상의 공기를 공급할 수 있는 시설을 갖추어야 함

9
시설 및
경영

9.
시설 및
경영

1. 시설

1 시설 계획과 사육 흐름

(1) 사육 흐름의 계획

　양돈장을 신축하거나 개선할 경우, 축사의 규모와 배치를 신중히 고려해야 하며 가장 중요한 기준은 사육 규모(모돈 두수, 전체 두수 등), 사양 관리 기준(후보돈 입식 일령, 포유 기간, 단계별 이동 일령, 출하 일령 등), 생산성 목표(모돈 회전율, 산자 수, 이유 두수, 육성률, MSY 등)를 농장의 수준에 맞게 정하는 것이다.

표 1 **농장의 사육 계획 지표 예시**

항목	계획	항목	계획
모돈 두수	100두	후보돈 입식 일령	150일령
복당 총산자 수	13두	초종부 일령	250일령
복당 이유 두수	10두	임신 진단 일령	수정 후 21일령
모돈 회전율	2.35회전	분만사 이동 일령	분만 7일 전
분만율	88.00%	자돈 이유 일령	생후 28일령
이유 후 육성률	93.60%	자돈사 전출 일령	생후 70일령
MSY	22.0두	육성사 전출 일령	생후 100일령
평균 출하 체중	115.0kg	비육돈 출하 일령	생후 180일령
모돈 교체율	40.00%	수세 및 건조 기간	7일

시설 계획을 위하여 사육 계획과 사육 흐름을 정리한 후 예상 사육 현황에 따라 돈사별, 단계별 필요 수량을 도출하고 필요 수량 및 필요 두수에 적합한 시설 소요량을 산출한다.

표 2 **농장의 사육 계획 수립 예시(모돈 100두 기준)**

항목	계획(두)
후보돈	11
임신 모돈	74
포유 모돈	18
이유 모돈(교배 대기 포함)	8
번식계	111
포유 자돈	234
자돈	254
육성돈	211
비육돈	453
비육계	1,152
전체계	1,263

표 3	농장의 사육 계획 계산 방법(모돈 100두 기준)
항목	계산 방법
후보돈	모돈 두수×모돈 교체율×(초종부 일령−후보 입식 일령)/365
임신 모돈	모돈 두수×모돈 회전율×임신 기간/365
포유 모돈	모돈 두수×모돈 회전율×포유 기간/365
이유 모돈(교배 대기 포함)	모돈 두수−(임신 모돈+포유 모돈)
번식계	후보돈+임신 모돈+포유 모돈+이유 모돈
포유 자돈	포유 모돈×복당 총산자 수
자돈	(모돈 두수×모돈 회전율×복당 이유 두수/365)×〈(자돈 전출 일령−이유 일령)/365〉×이유 후 육성률
육성돈	(모돈 두수×모돈 회전율×복당 이유 두수/365)×〈(육성 전출 일령−자돈 전출 일령)/365〉×이유 후 육성률
비육돈	(모돈 두수×모돈 회전율×복당 이유 두수/365)×〈(비육 출하 일령−육성 전출 일령)/365〉×이유 후 육성률
비육계	포유 자돈+자돈+육성돈+비육돈
전체계	번식돈+비육돈

사육 및 시설 계획을 적절하게 관리하고 운영하는 것이 농장의 생산성과 질병 예방의 첫 걸음이라는 것을 인식해야 한다. 물론 경제성이 떨어질 정도로 여유롭게 시설을 계획하는 것도 문제지만 적정 면적과 수량을 확보하는 노력이 중요하다.

(2) 시설 계획

사육 흐름 및 사육 계획이 계산되면 사육 두수에 따라 필요한 시설의 계획을 수립할 수 있다. 필요한 시설(예: 임신 스톨, 분만 틀, 군사 돈방 등)의 수량은 사육 두수와 수세 및 건조 등의 기간을 모두 고려하여 수립한다. 사육 면적은 바닥재의 개방 면적(예: 평사,

50%, 100% 등)에 따라 돼지가 사육되는 면적을 먼저 도출하고 축사의 건축 방식(예: 중앙복도, 편복도 등)에 따라 기타 공간을 계산하면 된다.

표 4   **농장의 번식사 시설 계획의 예시(모돈 100두 기준)**

항목	계획(두)	돈사/시설	시설(두)
후보돈	11	후보사	15
임신 모돈	74	임신 스톨	74
포유 모돈	18	분만 틀	27
이유 모돈(교배 대기 포함)	8	이유 대기사	12
번식계	111		128

표 5   **농장의 비육사 시설 계획의 예시(모돈 100두 기준)**

항목	계획(두)	돈사	시설(개, ㎡)
포유 자돈	234	분만 틀	27
자돈	254	자돈사	88.9
육성돈	211	육성사	139.3
비육돈	453	비육사	495.3
비육계	1,152		

시설 면적의 소요량은 사육 두수와 수세 시간을 고려하여 면적을 계산하게 되는데 돈사에서 전출 시점의 체중을 고려하여 두당 사육 면적을 활용하여 사육 면적을 계산하는 것이 적절하다.

시설 소요 면적은 돼지를 사육하기에 필요한 면적만을 의미하며 복도 등 기타 공간은 추가적으로 고려하여 산출해야 한다. 돈방 내 공간에서 급이기, 급수기, 보온 시설 등으로 인하여 사용하기 어려운 공간이 많다면 부적합 공간을 제외하고 계산한다.

돈사 내 돈방의 가로·세로 길이를 결정하기 위해서는 돈방 내 돼지가 쾌적하게 급이 공간, 휴식 공간 및 배변 공간을 분리하여 확보할 수 있도록 최소 길이는 확보해 주어야 하며 급이기의 주변은 사료를 섭취 중인 돼지에게 방해를 하지 않고 이동할 수 있는 공간을 확보할 수 있도록 설계해야 한다.

그림 1 사료 섭취 중인 돼지의 모습(뒤로 충분히 이동이 가능해야 함)

급이기 위치에서 가장 가까운 돈방 벽까지의 거리는 사육 중인 돼지가 사료를 먹는 동안 벽과 돼지 엉덩이 사이에는 사육 중인 돼지 체장의 3분의 1 이상의 공간이 적절하다.

(3) 부적절한 시설의 유형과 문제점

• 사육 밀도의 문제

| 그림 2 | 과밀한 밀도(예시) | | 그림 3 | 적정한 밀도(예시) |

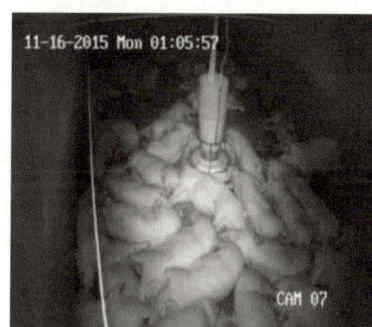 

돼지의 사육 두수가 과밀한 경우 돈방 내 돼지의 층다리가 심해지고 사료 섭취량이 줄어들어 성장이 지연될 수 있다. 또한 필요한 환기량이 많아짐에 따라 설계한 시설(입기량, 배기량 등)보다 과환기에 의한 유속이 발생하여 돼지의 건강을 관리하는 데 문제를 일으킬 수 있다.

• 사육 일령의 문제

돈사의 설계는 일반적으로 해당 돈방의 입식 일령, 입식 체중과 전출 일령, 전출 체중을 고려하여 진행한다. 하지만 농장을 운영하다보면 30kg에서 55kg까지 사육하기로 설계한 돈사에 20kg 자돈이 입식하기도 하고 체중 70kg의 돼지를 키우게 되기도 한다.

사육 일령의 돼지의 전출입 관리를 못할 경우, 돼지는 다양한 스트레스에 직면하게 되는데 바닥재에 따른 발굽 문제, 환기량에 따른 호흡기 문제, 급이기의 크기에 따른 사료 문제, 급수기의 높이에 따른 음수 문제 등이 발생하게 된다.

사육 밀도에 아무런 문제가 없이 사육하더라도 적정한 사육 일령을 준수하지 못하면 생산성과 수익성이 떨어진다.

• 사육 흐름의 문제

농장을 운영하다보면 다양한 상황이 발생하는데 어느 시기에는 분만 두수가 많아 밀사를 하게 되고, 분만 두수가 적은 시기에는 한산하게 키우게 된다.

이러한 흐름을 가지는 농장에서는 고밀도 사육과 저밀도 사육이 번갈아 발생하게 되는데 호흡기 및 소모성 질병이 발생할 가능성이 높아진다. 저밀도 사육을 할 경우에도 문제가 발생하는데 적정 온도 및 환기량, 유속을 유지하기 어렵기 때문이다. 저밀도 사육 시에는 이러한 문제를 해결하기 위하여 에너지 비용이 추가로 발생하여 생산성 저하 및 원가 상승의 요인이 되기도 한다.

2 시설과 환기

(1) 사육 환경 기준과 운영

농장을 운영하기 위해서는 사육 단계별 적정한 환경을 유지하기 위한 노력을 기울여야 한다. 환경 요인으로는 온도, 습도, 풍속, 가스(유해) 농도, 조도, 먼지 등이 있다. 일반 농장에서는 온도를 기준으로 관리하며, 첨단 환기 시설을 보유한 농장에서는 온도, 습도를 기준으로 하며, 축산 ICT 장비를 설치한 농장에서는 온도, 습도, 풍속, 가스(유해) 농도를 측정하여 관리하고 있다.

다양한 환경 요인을 고려할 수 있다면 좋으나 환경 정보의 측정과 활용에 시설 설치 비용이 발생하며, 농장 경영주가 관련 지식을 보유하지 못한 경우에는 비용 대비 효과가 떨어지는 것도 현실이다.

농장의 환경을 관리하는 방법은 온도를 기준으로 환기 팬을 이용하여 환기를 하거나 보온등, 난방기를 이용하여 난방을 하거나 냉방기를 활용하여 냉방을 하게 된다.

온도를 기준으로 관리하는 것은 중요한 지표를 활용하는 것이지만 최고의 생산성과 경제성을 얻기 위해서는 온도, 습도, 풍속, 유해가스 농도도 함께 고려하여 관리하는 것이 좋다.

(표6)에서와 같이 성장 단계별 적정 온도의 범위와 실효 온도의 범위에는 차이가 있다. 돼지를 관리하기 위해서는 적정 실효 온도에 가깝게 사육하는 것이 가장 좋다. 실효 온도를 계산(추정)하는 방법은 측정 온도에서 돈사 내 습도, 풍속, 바닥재의 상태, 돈사의 단열 수준, 계절적인 요인(외부 기상 요인) 등을 함께 고려하여 돼지가 느끼는 온도를 계산(추정)하게 된다.

표 6 농장의 환경 관리 기준

돼지상태 체중(kg)	온도 범위 (℃)	실효 온도 (℃)	온도 변이 (℃)	샛바람 (m/sec)	상대 습도 (%)	암모니아 (ppm)
분만						
모돈	16~24	21(2.0)	2.8	0.15	75	10
신생 자돈	32~40	35(1.0)	1.1	0.025	75	10
자돈(4주령)	27~38	27(1.0)	2.8	0.025	75	10
육성돈						
7~11	27~35	26(2.0)	2.8	0.15	75	10
11~22	25~32	23(2.0)	2.8	0.16	75	10
22~45	23~29	20(2.0)	5.6	0.17	75	10
45~68	20~27	18(2.0)	5.6	0.18	75	10
68~91	19~24	17(2.0)	5.6	0.19	75	10
91~113	18~21	16(2.0)	8.3	0.2	75	10
임신						
205	18~21	16(2.0)	8.3	0.25	75	10

[그림4]와 같이 농장의 온도를 측정하여 실효 온도를 계산한 자료를 보면 단계별 상단의 붉은색 점은 측정 온도이고, 중간의 파란색 점은 시설과 단열을 고려한 온도이고, 아래의 파란색 점은 풍속, 습도, 계절 요인을 고려하여 계산한 실효 온도이다.

실효 온도가 적정한 환경으로 유지되도록 관리하면 가장 좋은 결과를 얻게 된다. 실효 온도가 상한보다 올라가면 사료 섭취량이 떨어지게 되어 성장 지연 및 사료 요구율이 저하되고, 하한보다 떨어지면 체온 유지를 위하여 사료 섭취량을 늘리거나 성장 지연이 발생하게 된다.

그림 4 **농장의 단계별 측정 온도와 실효 온도의 계산 사례**

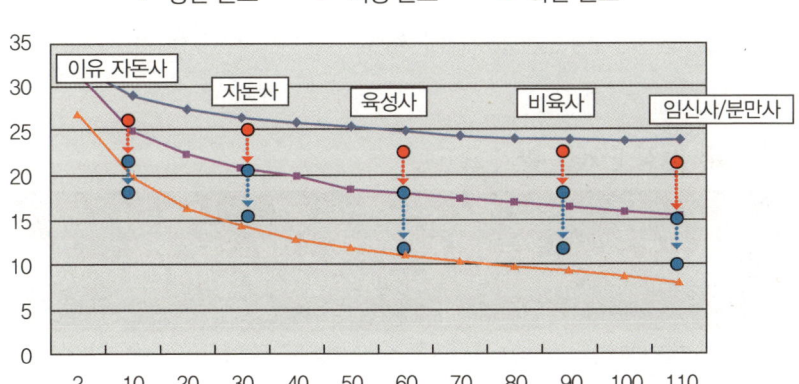

또 하나의 중요한 기준은 온도의 편차인데 (표6)에서와 같이 어린 자돈은 온도 편차 1도, 육성돈 이상은 2도 이내에서 관리하는 것이 가장 좋다. 현실적으로 온도 편차가 발생하면 최소한으로 유지하려는 노력이 필요하다.

(2) 환기의 기준과 운영

농장에서 환기 시설을 설치할 때 고민을 하는 것은 국내에서는 사계절에 따른 온도 차가 크므로 겨울철의 최소 환기량과 여름철의 최대 환기량을 동시에 만족시키는 시설을 적절하게 구축하는 것이 쉽지 않기 때문이다.

비육돈(60~100kg) 200두를 키우는 돈사라고 가정할 때 겨울철에는 필요 환기량이 57㎝㎝이고 여름철에는 425㎝㎝이다. 두 계절의 차이는 7.5배 정도 되며 여름철까지 운영할 수 있는 시설을 했다고 가정하고 환기 팬 시설을 고려하면, 용량의 30% 이하 가동이 어렵다면 여름철 환기량은 425cmm의 30% 수준인 127.5cmm이 된다.

표 7 성장 단계별 환기 요구량

사육 단계 구분(kg)	저온기 환기 추천량 : cfm				중온기 환기 추천량 : cfm	고온기 환기 추천량 : cfm
	습도 조절 환기 추천량			냄새 조절을 위한 환기 추천량		
	전면 슬랏 바닥	부분 슬랏 바닥	콘크리트 바닥			
분만 스톨(모돈+자돈)	10	17	20	35	80	500(250)
초기 자돈(5.5~13.4)	1	1.6	2	3.5	10	25
자돈(13.4~34.0)	1.5	2.5	3	5	15	35
육성돈(34.0~68.0)	3.5	5.5	7	10	24	75
비육돈(68.0~100.0)	5	8	10	18	35	120
비육돈(100.0 이상)	6	10	12	20	40	150
임신돈(148.0)	6	10	12	20	40	150
웅돈(182.0)	7	12	14	24	50	300
사육 단계 구분(kg)	저온기 환기 추천량 : cmm				중온기 환기 추천량 : cmm	고온기 환기 추천량 : cmm
	습도 조절 환기추천량			냄새 조절을 위한 환기 추천량		
	전면 슬랏 바닥	부분 슬랏 바닥	콘크리트 바닥			
분만 스톨(모돈+자돈)	0.28	0.48	0.57	0.99	2.27	14.16
초기 자돈(5.5~13.4)	0.03	0.05	0.06	0.1	0.28	0.71
자돈(13.4~34.0)	0.04	0.07	0.08	0.14	0.42	0.99
육성돈(34.0~68.0)	0.1	0.16	0.2	0.28	0.68	2.12
비육돈(68.0~100.0)	0.14	0.23	0.28	0.51	0.99	3.4
비육돈(100.0 이상)	0.17	0.28	0.34	0.57	1.13	4.25
임신돈(148.0)	0.17	0.28	0.34	0.57	1.13	4.25
웅돈(182.0)	0.2	0.34	0.4	0.68	1.42	8.49

이럴 경우 겨울철에는 과환기가 되어 환경 문제를 유발하게 되고, 가동률을 30% 이하로 가동하면 정상적인 환기(공기 순환)가 되지 않아 유해 가스 과다 및 산소 부족, 습도 과다 등의 문제를 유발한다.

돈사에는 여름과 봄, 가을, 겨울을 고려한 환기로 구분하여 대비한 시설을 분산 설치하여 운영하는 것이 적절하다. 설치 사례를 들면, 봄, 가을, 겨울을 위해서는 환기량 57~113㎝이 필요하므로 시설은 20% 여유를 두어 약 135㎝ 용량의 시설을 설치한다.

그럴 경우 겨울에는 설치된 환기 시설의 30~50% 수준에서 가동을 하고 봄과 가을에는 70~90% 수준으로 가동을 히면 된다. 여름을 위해서는 425㎝의 120%를 고려하여 필요한 510㎝의 시설을 설치해야 하는데 봄, 가을, 겨울을 위한 시설 용량 135㎝을 제외하면 약 375㎝을 감당할 수 있는 추가 시설을 하면 된다. 여름에는 전체 환기시설을 70~90% 수준으로 가동하면 된다.

(3) 부적절한 환경과 문제점

• 온도 중심 관리의 한계

농장에서 사용하는 대부분의 환경 관리 및 제어 시설은 온도를 기준으로 관리하게 된다. 이럴 경우 모든 농장이 같은 온도를 설정하고 제어한다면 동일한 온도에서 동일한 생산성이 나와야 하지만 그렇지 않은 것이 현실이다.

이유는 온도 외 다른 영향 요인이 존재하고, 그것이 상당한 영향을 주고 있기 때문이다. 온도 외 습도, 풍속, 가스 농도 등을 고려하여 종합적으로 환경을 평가하고 관리하는 기술과 안목을 키워야 한다.

• 환기량 중심의 관리의 문제

농장을 짓거나 환기 시설의 리모델링 시에는 과학적으로 계산한 값에 의하여 시설을 선정하고 설치하게 된다. 그러나 상당수 농장에서 시설 개선을 하여도 생산성이나 환경이 개선되지 않는 경우가 많다.

이유는 입기구(입기 팬)과 배기 팬의 균형적인 관리가 쉽지 않기 때문이다. 환기 팬이 계산된 환기량만큼 가동되고 있다고 해도 입기구의 연계성에 따라 음압이 걸리거나 반대로 많은 양압이 걸리면 계획된 환기량을 보장할 수 없다.

그림 5 환기 문제에 따른 다양한 환기 시설 설치 사례

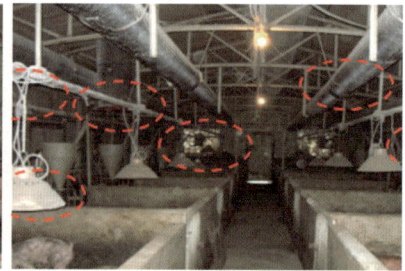

또한 입기구가 배기 팬의 배기량과 적절하게 연동되지 못하면 배기량이 증가할수록 입기구에서 발생하는 외부 공기의 유입 속도가 증가하며 돈방 내 돼지들에게 피해를 줄 수 있는 공기의 흐름을 만들게 된다.

3 돈사 종류별 시설의 현황과 미래

(1) 돈사 종류별 시설

일반적으로 양돈장에서 돈사의 유형을 구분하는 방식은 사육하는 돼지의 단계(후보사, 교배사, 임신사, 분만사, 이유 자돈사, 자돈사, 육성사, 비육사 등), 분뇨처리 및 바닥재의 방식(평사, 톱밥돈사, 슬러리 돈사, 콘슬랏 돈사, 플라스베 돈사, 철망 돈사, 스크레파 등), 환기의 방식(무창 돈사, 유창 돈사, 기계식 환기 돈사, 자연 환기 돈사 등)을 기준으로 한다.

표 8 돈사의 종류 및 용도

돈사의 종류	사육돼지	비고
격리사	후모 모돈, 후보 웅돈, 외부 도입 돈	
후보사	후모 모돈, 후보 웅돈	
이유 대기사	이유 모돈, 후보 모돈	교배 대기사
초기 임신사	임신 모돈	임신 진단 전 모돈
임신사	임신 모돈	
분만사	임신 모돈, 분만 모돈, 포유 자돈, 이유 자돈	
이유 자돈사	이유 자돈	이유 후 2주간
자돈사	이유 자돈, 자돈	이유 후 6주간
육성사	육성돈	생후 70~105일령
비육사	비육돈	생후 105~출하
환돈사	환돈	
출하 대기사	출하 비육 돈	출하 전 절식 및 대기

'비고'의 내용은 일반적인 기준을 예시한 것이며, 농장의 사양 관리 기준에 따라 구분하지 않는 돈사의 종류도 있다. 돈사 내부는 다수의 배치 단위로 분리된 구조로 설계되거나 하나의 배치로 운영된다(배치는 하나의 축사 내 다수의 분리된 벽을 활용하여 완전히 분리된 하나의 공간을 의미한다).

배치로 분리되어 운영되는 돈사는 시설 비용은 증가하나 올인-올아웃 등의 사육 방식을 적용하여 생산성 향상을 이룰 수 있다. 작은 배치로 분리되지 않고 하나의 대형 배치로 구성된 경우에는 시설 비용은 감소하나 올인-올아웃 방식의 사육이 어렵고 환경을 조절하기 위한 대상 돼지의 기준을 설정하기 어렵다.

단계별로 돈사의 구분 및 배치를 구분하는 것은 사양 관리, 환경 관리, 시설 구조물에 차이가 있기 때문이다. 예를 들면, 격리사의 경우 농장 내 위치에 대한 한계를 가지게 되며, 이유 대기사(교배사)의 경우에는 다른 돼지에 비하여 높은 조도를 유지해야 하며 분만사에는 분만한 모돈이 포유 중인 어린 돼지를 잘 관리할 수 있도록 분만틀이 있어야 한다.

이유 자돈사는 어린 자돈이 모돈으로부터 떨어져 심리적 환경적 스트레스를 많이 받으므로 환경 관리가 세밀하게 이뤄질 수 있도록 분리할 필요가 있다.

(2) 돈사 시설의 변화

현재 양돈장은 과거에 비하여 사육 규모도 커졌고, 인력 중심의 사육에서 다양한 분야에서 자동화 시설을 활용하는 형태로 변화되었으며, 지속적으로 자동화 시설은 개량되고 발전하고 있다.

표 9 돈사 시설별 과거와 현재

시설	과거	현재
번식 시설	평사에 개체별 사육	임신 스톨, 분만 틀에 개체별 사육
비육 시설	평사에 군사 사육	일정한 두수로 그룹을 만들어 군사 사육
급이 시설	수작업으로 급이	사료 자동 급이기에 의하여 파이프 라인으로 급이
음수 시설	물통에 급수	음수 급이기에 의하여 파이프 라인으로 급수
분뇨 처리 시설	수작업으로 수거	스크레파, 슬러리 등의 시설을 활용하여 자동으로 수거
환기 관리 시설	자연 상태를 유지하며 바람막이 또는 보온 덮개를 설치	환기팬, 보온등, 냉방기 등을 설치하여 환경을 제어

양돈장에서 사육 규모가 커지고 일정한 공간에서 밀집 사육을 하게 되므로 최근에는 환경 문제(냄새 및 분뇨)가 발생하는 경우도 있다. 생물학적 화학적 방법을 활용하여 환경 문제를 줄이고 해결하기 위한 시설들이 농장에 설치되고 있다.

그림 6 자동화 시설 장비들

(3) 양돈 ICT 장비와 미래의 시설

양돈 분야의 과학적인 관리와 생산성을 높이기 위한 시설과 장비는 지속적으로 발전하고 있으며 인터넷과 정보통신기술의 발달로 양돈 분야 장비에도 다양한 정보통신기술(ICT)이 접목되고 있다.

현재까지의 일반적인 자동화 장비들은 노동력을 절감하고 반복적인 업무를 대체하는 장비들이었다. 그러한 장비들에 정보통신기술이 접목되어 자동화 장비의 작동 내용을 농장 경영주에게 보고하고, 돼지에 대한 사양 관리 기록과 연계하여 장비의 작동 방향과 운영 기준의 변화를 제어할 수 있다.

정보통신기술이 접목되어 장비의 작동 정보를 수집·저장하고 컴퓨터의 자체 분석 및 농장 경영주의 제어 명령을 수신하여 작동 내용을 변경하는 장비를 양돈 ICT 장비라고 한다.

국내외 다수 업체들이 다양한 정보통신기술을 접목한 장비를 생산해 보급하고 있다. 자동화 설비 초기와 같이 이들 장비의 사용법에 대한 정확한 이해가 필요하고 또한 기존 사양 관리 방식에 변화를 줄 필요가 있는 상황이다.

표 10 양돈 분야에 적용되고 있는 ICT 장비 및 미래 시설

장비 종류	용도
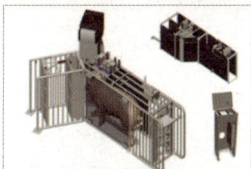	**모돈 군사 자동 급이기** 임신 모돈을 개체별 스톨에서 사육하지 않고 군사를 통하여 사육할 수 있는 사료 자동 급이기
	**포유 모돈 자동 급이기** 분만 모돈에게 사료의 양, 급이 횟수, 1회 급이량 등을 조절하여 사육할 수 있는 사료 자동 급이기
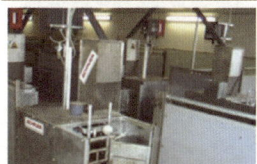	**사료 효율 측정기** 후보 종돈, 육성돈의 개체별 체중과 사료 급이량을 측정할 수 있는 사료 효율 측정기
	**액상사료 자동 급이기** 사료와 물(액상)을 섞어 사료를 급이하며 사육할 수 있는 사료 자동 급이기
	**소량 사료 혼합기** 다양한 사료 및 사료 첨가제를 혼합하여 급이할 수 있는 자동 사료 혼합기

장비 종류	용도

출하돈 선별기

사육 중인 비육돈의 개체별 체중을 측정하여 설정한
체중대의 돼지를 선별하여 분리하는 출하돈 선별기

자동 가습 및 냉방기

돈사의 온도, 습도에 따라 자동으로 안개 분무 및 냉방을
할 수 있는 자동 환경 조절기

환경 정보 수집 진단기

돈사의 환경 정보(온도, 습도, 풍속, 가스 등)를 수집하여
진단하고 화재, 정전 등의 정보를 송신하는 자동 환경
측정기

음수량 측정기

돈사 또는 돈방에서 사용한 음수량을 자동으로 측정하여
정보를 수집하여 저장하는 기기

사료량 측정기

사료빈에서 이송되어 급이된 사료량을 자동으로
측정하고 정보를 수집하여 저장하는 기기

• 양돈 ICT 시스템 구성도

그림 7 **양돈 ICT 시스템의 구성 예시**

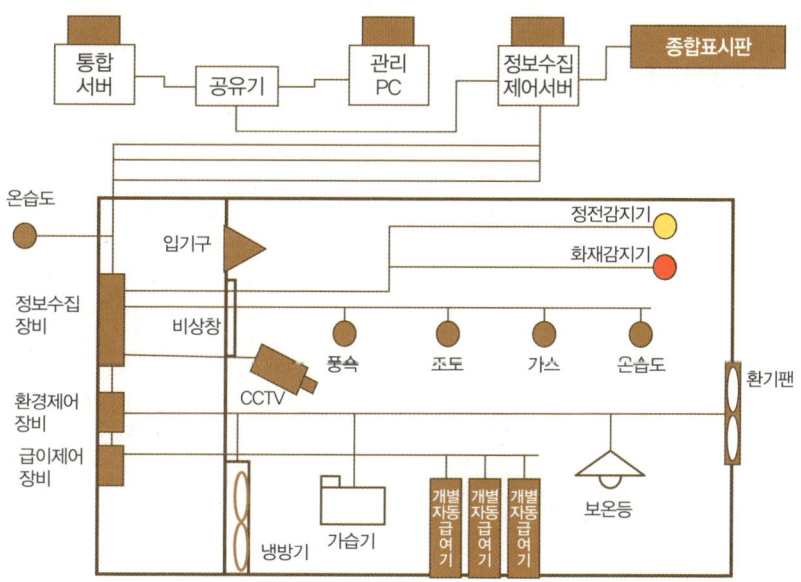

양돈장에서 ICT를 적용하는 것은 필요에 따라 분야별로 도입할 수 있으나 장기적으로는 각각의 ICT 장비 간에 연계 및 통합 운영이 가능해야 한다. 장비의 도입 및 운영의 목적으로는 군사 급이기는 모돈의 강건성 및 동물 복지를 위하여, 포유 자동 급이기는 모돈의 사료 급이 횟수 증가와 적정한 사료 섭취를 유도하기 위하여, 돈 선별기는 돼지의 성장 상황을 파악하고 출하 비육돈의 균일도를 높이기 위하여 도입되고 있다.

환경 정보 수집 진단기는 돈사의 다양한 환경정보를 수집하여 저장하고 현재의 환경 상황을 진단하기 위하여, 음수량 측정기와 사료량 측정기는 일정 기간 내에 사용되는 물과 사료량을 파악하기 위하여, 사료 효율 측정기는 종돈의 검정을 위하여 도입되고 있다.

• 양돈 ICT 시스템의 기능과 운영 방법

양돈장에 ICT 시스템을 도입하고 운영하기 위해서는 도입하고자 하는 시스템이 ICT 장비의 이점과 특성에 적합한지를 평가해야 한다. ICT 장비는 기본적으로 노동력을 절감하는 자동화 수준에 그치지 않고 장비의 작동 내용과 상황에 대한 정보를 통신을 통하여 저장·관리되어야 하며, 운영 정보를 활용하여 분석한 후 개선을 위한 작동이 가능하도록 제어 명령을 수신할 수 있어야 한다.

양돈 ICT 장비는 기본적으로 가동 정보에 대한 정보를 송신한다. 또 이를 수집하는 시스템은 수집된 정보가 오류 정보가 아닌지 검증하는 로직을 거친 후 데이터베이스에 저장한다.

저장된 데이터베이스의 수집 정보는 적정 기준 데이터베이스의 정보와 비교 및 분석을 거쳐 현재 운영되고 있는 양돈 ICT 장비의 적정성 평가를 통하여 문제점을 도출하고 도출된 정보로 문제점을 해결할 방법을 제시할 수 있는 시스템이어야 한다.

양돈 ICT 시스템의 프로세스 구성도

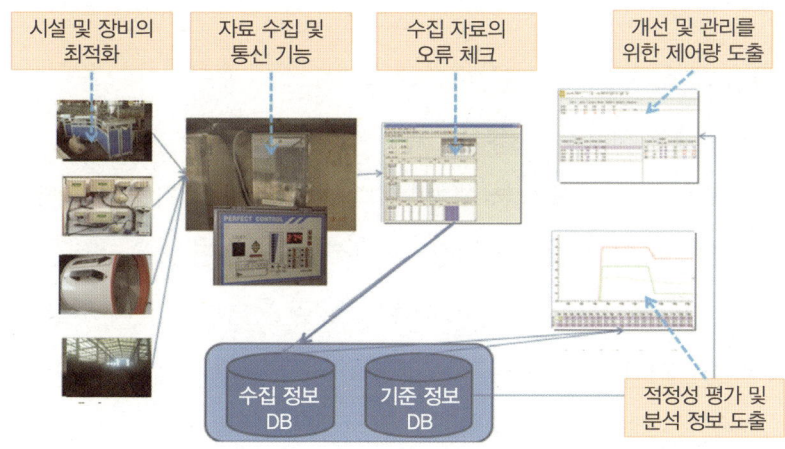

시설 및 장비의 최적화 | 자료 수집 및 통신 기능 | 수집 자료의 오류 체크 | 개선 및 관리를 위한 제어량 도출

수집 정보 DB | 기준 정보 DB

적정성 평가 및 분석 정보 도출

제시된 개선 방안이 자동으로 양돈 ICT 장비를 제어할 수 있다면 최선의 시스템이라고 할 수 있다.

2. 경영

1 경영지표와 분석

농장의 경영 개선과 수익 향상을 위해서는 세 가지 주요한 경영전략 수립이 필요하다. 첫째, 농장의 동일한 모돈 두수의 규모에서 최종 제품인 고품질 비육돈 출하 두수를 증가(생산성 향상)시키는 것이다. 둘째, 생산을 하는 데 드는 비용을 절감(생산비 절감)하는 것이다. 셋째, 생산성과 생산비를 효율적으로 연계 분석하여 수익성을 고려한 생산 계획을 수립하는 것이다.

농장은 성장 단계 또는 생산성의 수준에 따라 세 가지 전략 중 어디에 중심을 둘 것인가를 결정해야 한다. 생산성이 낮은 농장(MSY 18두 미만)은 첫째 전략인 생산성 향상을 통하여 농장의 경쟁력과 수익성이 개선해야 한다.

생산성이 높은 농장(MSY 22두 이상)은 둘째 전략인 생산비 절감을 중심으로 전략을 추진하면 된다. 생산성이 평균 정도의 농장(MSY 18~22두 미만)은 생산성과 생산비를 연계 분석하여 농장 운영 계획 및 목표를 수립하는 노력이 필요하다.

생산성과 생산비를 연계하여 분석하는 노력은 모든 농장이 추진해야 할 일이지만 국내 평균적인 농장에서는 무척이나 중요한 내용이다. 연계 분석에 대한 필요성은 생산성과 생산원가가 항상 정비례의 관계를 가지지 않는 경우도 있기 때문이다.

예를 들면, 모돈 회전율 개선을 위해서 포유 기간을 단축하는 것이 유리한 것으로 판단할 수 있다. 하지만 농장의 상황에 따라서는 포유 기간을 늘려 이유 체중을 높여 비용을 절감하는 결과를 얻을 수도 있기 때문이다. 그래서 하나의 농장 분석 생산성 지표만을 고려하여 운영 전략을 수립하기보다는 농장의 종합적인 상황으로 고려하여 최선의 방안을 도출하여야 한다.

연계 분석하는 방안을 설명하자면 다음과 같다. 농장의 상황에서 포유 기간을 21일, 28일 중에 어떻게 결정하는 것이 좋을지 분석해 보자. 농장의 상황은 상시 모돈 200두, 임신 기간 115일, 발정 재귀 일령 5일, 산차당 비생산 일수 15일, 복당 이유 두수 10두, 평균 이유 체중은 21일 포유 6kg, 28일 포유 7.5kg, 평균 비육돈 두당 출하 체중 115kg, 농장의 생체 kg당 생산원가가 3,000원이라고 가정하자.

표 11 **농장의 성적 변화에 대한 예시**

		21일 포유	28일 포유
생산성	이유 후 육성률(%)	90	97
	평균 이유 체중(kg)	6.0	7.5
	평균 출하 일령(일)	180	175
	모돈 도태율(%)	35	40

농장의 상황이 (표11)처럼 성적의 차이를 보이는 경우라면 농장 경영주는 어떻게 관리 계획을 세우는 것이 좋을지 고민스러울 것이다. 농장의 현재 상황에서 지속 가능하며 농장의 수익성을 개선할 수 있는 방안이 무엇인지 분석하는 노력이 필요하다.

21일 포유 시에는 분만사 시설의 수를 줄여 건축 감가비용을 절감하거나 모돈 도태율을 줄이고 모돈 회전율을 늘려 많은 자돈을 생산할 수 있는 장점이 있고, 28일 포유 시에는 이유 체중을 늘려 이유 후 육성률을 높이고 출하 일령을 단축하여 사료 요구율을 개선하는 장점이 있다.

예시 농장의 각 항목의 성적 차이에 따른 생산원가의 변화 비교

(단위 : 원/생체kg)

구분		21일 포유	28일 포유
생산성	이유 후 육성률	0	− 87.4
	평균 출하 일령(일)	0	− 78.0
	모돈 도태율(%)	0	+ 3.4
	분만사 시설 감가	0	+ 11.6
기대효과 계		0	− 150.4

농장의 입장에서는 모든 항목에서 가장 좋은 생산성을 나타낼 수 있다면 좋겠지만 현실적으로 일반적인 수준에서는 하나의 항목 개선이 다른 항목의 저하로 나타나는 경우가 있기에 잘 관리해야 한다. (표12)에서 알 수 있듯이 예시의 농장에서는 포유 기간을 늘려 이유 체중을 높임으로써 이유 후 육성률이 개선되고, 출하 일령이 단축되는 효과를 볼 수 있었으나 모돈의 도태 비율이 높아지는 농장이다.

이러한 농장이라면 포유 기간을 늘려 관리하는 것이 농장의 시설 (분만사) 증축 비용, 모돈 도태의 증가에 따른 손실을 감안하더라도 이유 후 육성률 개선, 출하 일령의 단축에 따른 비용 절감의 효과가 더 크다는 것을 알 수 있다.

모든 농장이 예시의 농장처럼 포유 기간의 변화에 따른 결과가 같을 수는 없지만 다양한 분석을 통한 농장의 운영 전략을 수립하여야 한다. 하지만 많은 농장들이 농장의 생산성 분석과 경영 분석을 할 경우, 다양한 항목에 대한 종합적이고 연계된 분석을 하기보다는 현재 이슈가 되거나 농장주의 관심 항목에 집중하여 분석하고 운영 전략을 수립하게 되는데 이러한 관행적인 문제를 해소하려는 노력이 필요하다.

농장의 생산성과 수익성을 개선하기 위해서는 농장의 경영 목표가 분명해야 한다. [그림9]와 같이 분석 항목별로 목표와 운영 전략을 수립하고 실행에 옮긴 후 반드시 계획 대비 평가를 실시하여 새로운 목표와 운영 전략 수립에 반영하는 노력을 해야 한다. 농장의 주요 목표는 모돈 대비 출하 두수의 증가와 출하 등급(가격 요인을 고려한 육질) 출현율의 향상일 것이다.

그림 9 · 농장의 경영계획 수립 및 운영 평가의 프로세스 예시

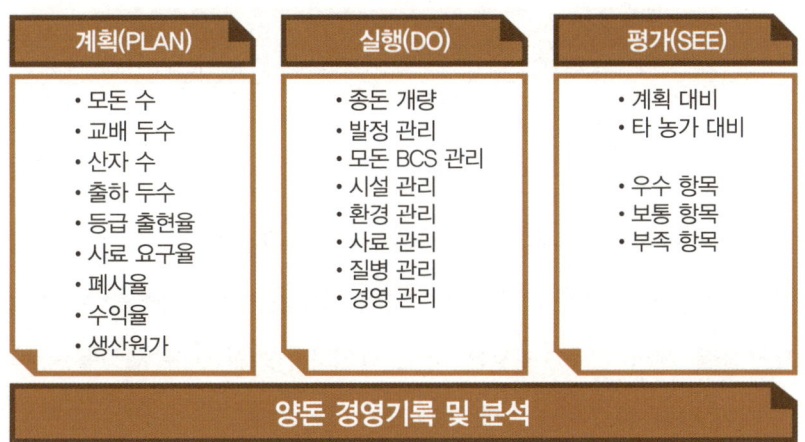

계획(PLAN)	실행(DO)	평가(SEE)
• 모돈 수 • 교배 두수 • 산자 수 • 출하 두수 • 등급 출현율 • 사료 요구율 • 폐사율 • 수익율 • 생산원가	• 종돈 개량 • 발정 관리 • 모돈 BCS 관리 • 시설 관리 • 환경 관리 • 사료 관리 • 질병 관리 • 경영 관리	• 계획 대비 • 타 농가 대비 • 우수 항목 • 보통 항목 • 부족 항목

양돈 경영기록 및 분석

이를 위해서 농장은 [그림10]에서처럼 목표를 위한 여러 가지 영향 요인 중 자신의 농장 상황에 적합하거나 효과적인 개선 방향을 설정하고 설정된 방향을 갖고 목표 달성 실행 방안을 수립하게 된다.

그림 10 농장의 경영계획 수립을 위한 목표와 운용 전략 수립 예시

(표11)의 예시 농장에서 육성률과 사료 요구율의 개선을 운영계
획으로 설정하면 문제를 개선하기 위한 실행 방안을 도출하게 된
다. [그림10]과 같이 농장의 영향 요인 트리를 보면 육성률과 사료
요구율을 개선하기 위해서는 사료 허실의 관리와 이유 체중을 높이
는 것이 가장 현실적인 실행 방안으로 설정된다.

사료 허실 관리는 순수한 사료를 흘려 버리는 허실과 필요 이상
의 사료 프로그램을 적용하는 허실로 구분하여 순수한 사료 허실이
많다면 단기적으로는 급이기의 조정 관리, 적정한 급이기의 크기 및

위치에 대한 검토, 사료의 급이 방식, 육성사의 환경 관리 등에 대한 관리 매뉴얼을 작성하여 적용한다. 중장기적으로는 급이기의 교체 및 수리, 돈사 사육 흐름의 변경, 환경 관리 기준 조정 등을 실시하여 개선한다.

그리고 이유 체중을 높이기 위해서 모돈의 포유 능력 개선, 포유 자돈의 사료 급이, 포유 기간의 변경, 분만사 환경 관리, 무유증 해소의 노력 등에 대한 관리 매뉴얼을 작성하여 적용한다. 중장기적으로는 모돈의 산차 구성 안정화 및 종돈(라인)의 통일을 추진할 수 있도록 개선한다.

농장에서 모돈의 산차 구성과 종돈의 통일이 이유 체중과 얼마나 관련이 있을까 생각할 수 있다. 하지만 종돈의 통일은 농장 관리자의 모돈에 대한 체형 관리, 사료 급이 관리, 임상적 문제 감지, 우수 모돈의 선별, 이유 체중의 균일화에 많은 영향을 주며 생산성 향상과 이유 체중 증가를 위한 기본 업무가 된다.

모돈의 산차 구성은 농장의 생산성과 면역력의 변화와 많은 연관성을 가지고 있으며 산차의 적절하고 안정적인 구성을 이룰 수 있을 때 농장의 생산성은 지속적으로 안정적인 유지 및 개선이 가능하다.

결론적으로 농장에서 관리되고 분석되는 많은 항목들이 다양한 관련성을 가지고 있으며 하나의 항목이 개선되어도 다른 항목에서 역효과가 나는 경우도 있기에 체계적이고 종합적인 분석이 필요하다. 이를 위해서 농장에서는 경험적인 관리보다는 생산-경영(전산) 기록에 의한 자료의 주기적인 분석과 연관된 항목 간의 변화를 예측

하여 생산성과 수익성이라는 두 마리 토끼를 잡을 수 있는 운영 전략을 수립해야 한다.

2 전산 기록 관리를 통한 농장 경영

(1) 과거를 분석하고 목표를 수립

농장 경영 관리를 위해서는 생산성 및 경영성과의 분석과 목표 수립이 필수적이며 양돈 전산 기록 관리 시스템에서 출력되는 보고서를 활용하여 과거의 생산 및 경영 성적을 분석하고 이를 통하여 목표를 수립하는 것이 중요하다.

연간 성적을 분석해 1차적으로 개선 목표를 정립하고, 목표 항목별로 개선을 위해 연관된 세부 보고서를 활용하여 목표 수준의 보정과 우선순위를 수립해야 한다.

전산 성적의 생산성 항목별 목표 대비 수준을 제공하는 보고서[그림11]를 활용하여 전반적인 수준을 분석하고 목표 대비 성적이 낮은 항목을 인지한다. 생산 성적이 낮은 항목 또는 기대 이하 수준을 나타내는 항목에 대해서는 기간 내 성적이 낮게 유지되었는지 일정 기간(예를 들면, 돈사 수리, 자돈 판매 등) 또는 특정한 문제(PED, 소모성 질병 등)로 인하여 낮게 나타난 사항인지를 검토한다.

그림 11 생산성 지표 트리 보고서

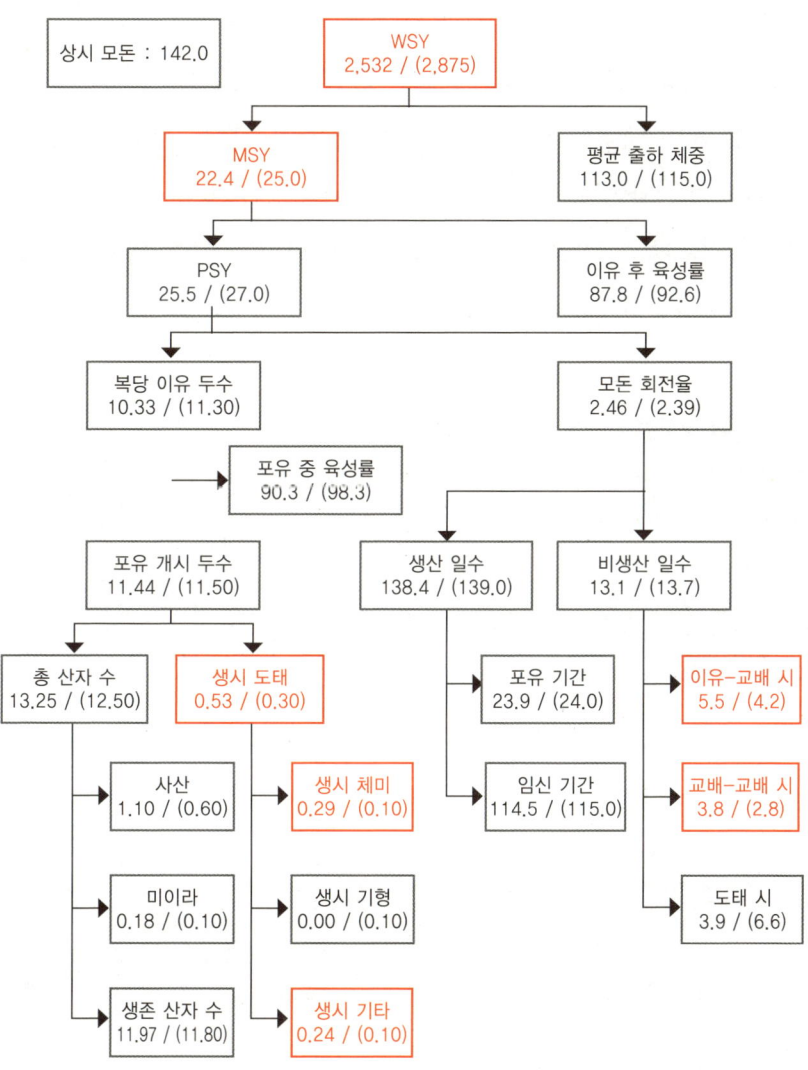

* 달성률 90% 이하인 항목은 빨간색 글자로 표시
* 각 지표 특성에 따라 교배일,분만일,이유일자 기준으로 계산
* 비생산일수는 1회전당 비생산일수를 추정한 값

그리고 생산성 항목별 미래 목표를 정하고 검토해야 하는 생산성 항목을 도출하기 위해 기간별 번식 종합 보고서[그림12], 교배 실적 보고서, 분만 실적 보고서, 이유 실적 보고서를 활용한다.

예를 들면, 산자 수 개선이라는 목표를 정할 경우, 생존 산자 수 가 높은 시기와 낮은 시기의 차이점을 검토하기 위하여 분만 모돈의 평균 산차, 전 산차 포유 기간, 전 산차 발정 재귀 일령, 비주기적 재 발률, 미이라 비율, 사산 비율 등에 대한 비교를 실시한다.

그림 12 **기간별 번식 종합 보고서**

번호	항목	14-08-01 14-08-31	14-09-01 14-09-30	14-10-01 14-10-31	14-11-01 14-11-30	14-12-01 14-12-31	15-01-01 15-01-31	15-02-01 15-02-28	15-03-01 15-03-31	15-04-01 15-04-30	15-05-01 15-05-31	15-06-01 15-06-30	15-07-01 15-07-31	15-08-01 15-08-31	평균
1	상시모돈두수	144.0	142.9	141.4	141.4	141.1	141.1	143.3	142.4	142.3	145.7	142.8	139.4	139.0	142.0
2	상시후보돈두수	8.9	9.2	8.9	14.7	15.4	15.2	14.3	15.8	16.2	15.5	16.2	18.3	15.9	14.2
3	상시웅돈두수	7.0	7.0	7.0	7.0	6.3	6.0	6.0	6.9	7.0	7.0	7.0	6.8	6.5	6.7
4	모돈회전율	2.29	2.30	2.25	2.41	2.67	2.84	2.37	1.57	2.39	2.67	2.64	2.37	2.20	2.38
5	연간모돈두당이유자돈수 (PSY)	23.0	24.6	33.6	18.7	25.3	32.6	27.2	22.1	22.6	26.0	24.2	30.3	16.2	25.1
6	연간모돈두당출하두수 (MSY)	16.2	18.1	28.6	13.6	23.8	26.8	21.7	20.9	28.0	14.1	23.9	28.7	22.1	22.1
7	연간모돈두당출하체중 (WSY)	1,771	2,060	3,189	1,525	2,702	3,007	2,431	2,331	3,101	1,594	2,796	3,308	2,582	2,492
8	연간비생산일수	43.0	32.1	20.7	15.0	30.6	33.7	28.6	34.2	19.8	39.9	40.4	42.2	21.0	30.9
9	교배평균산차	4.1	4.9	5.4	4.6	4.3	4.4	3.8	4.6	3.4	3.3	3.8	4.0	3.4	4.1
10	연간후보돈보충율(%)	0.0	42.6	41.6	60.2	41.7	108.5	63.7	0.0	76.9	56.6	59.6	59.1	59.3	51.5
11	후보돈전입일령	0.0	181.0	184.6	188.0	192.8	171.2	187.0	0.0	173.2	169.4	173.4	172.6	181.3	151.9
12	후보돈초교배일령	279.3	268.0	0.0	256.3	255.8	258.4	251.6	229.8	243.9	249.3	244.3	252.3	249.2	233.7
13	연간모돈편입율(%)	49.1	42.6	0.0	34.4	50.1	58.4	63.7	49.6	76.9	56.6	51.1	50.7	50.8	48.8
14	연간모돈도태율(%)	24.5	51.1	25.0	25.8	50.1	75.1	36.4	49.6	68.4	40.4	76.7	92.9	25.4	49.3
15	도태비생산일수	41.3	54.7	12.0	0.0	0.0	0.1	0.0	39.7	12.0	72.4	22.0	21.4	0.0	21.2
16	이유후태모돈비율(%)	66.7	50.0	66.7	100.0	100.0	100.0	100.0	66.7	87.5	40.0	88.9	81.8	100.0	80.6
17	교배두수	38	36	33	24	34	35	30	33	25	29	38	31	29	31.9
18	- 정상교배두수	32	33	31	23	31	32	26	32	24	29	36	29	27	29.6
19	- 후보돈	6	5	0	4	6	7	7	6	9	7	6	6	6	5.8
20	- 경산돈	26	28	31	19	25	25	19	26	15	22	30	23	21	23.8

비교에 의하여 연관성이 높다고 판단되는 항목을 선정하고 해당 항목의 상세 분석 보고서[그림13]를 활용하여 문제점 및 상황을 파악 한다.

(2) 전산 기록을 활용하여 사육 계획(산차 구성, 적정 교배)을 수립

다양한 항목에 대한 연간 계획을 세우지만 사전 계획 중 가장 중요한 부분은 후보돈의 도입 계획, 농장의 적정 산차 구성 계획 및 적정 두수의 교배 계획을 세우는 것이다.

그림 13 산차별 생산 성적 보고서

산차별	분만두수	총산	생존	포유	생시체중	이유	폐사	양자	이유체중	산차지수	PSY	계산된 PSY
1	56	11.34	10.77	10.46	0.00	9.68	0.04	-0.16	0.00	2.64	23.80	24.23
2	48	13.69	12.25	11.71	0.00	10.52	0.00	0.00	0.00	2.57	25.70	25.70
3	36	13.97	12.81	12.19	0.00	9.00	0.22	-0.14	0.00	2.55	22.97	23.33
4	27	15.33	13.89	13.15	0.00	11.00	0.00	0.00	0.00	2.32	25.57	25.57
5	35	13.51	11.89	10.80	0.00	9.09	0.00	0.00	0.00	2.42	21.76	21.76
6	32	12.97	11.44	11.13	0.00	10.28	0.00	0.00	0.00	2.61	26.07	26.07
7	39	13.54	12.26	11.87	0.00	10.67	0.00	0.00	0.00	2.48	24.83	24.83
8	45	12.80	11.47	11.02	0.00	11.67	0.00	-0.11	0.00	2.57	28.27	28.56
합계	318	4,201.0	3,803.0	3,635.0	0.00	3,256.00	10.0	-19.0	0.00	2.53	25.85	26.00
평균		13.2	12.0	11.4	0.00	10.24	0.03	-0.06	0.01			

농장에서 적정한 산차를 구성하기 위한 계획을 체계적으로 수립하는 것은 생산성 향상 또는 안정적인 유지를 위한 기초가 되는 계획이다. 산차별 생산성에 어떤 특징이 있는지에 대한 검토가 필요하다.

그림 14 산차 구성 보고서

구분	0	1	2	3	4	5	6	7	8이상	계	평균산차	구성비	평균3-5산 비율
후보돈	14	0	0	0	0	0	0	0	0	14	1.00	8.70	0.00
사고후대기돈	0	0	0	0	0	0	0	0	0	0	0.00	0.00	0.00
임신돈	0	27	24	20	15	9	6	11	13	125	3.66	77.64	35.20
포유모돈	0	5	2	0	3	2	0	3	0	15	3.47	9.32	33.33
이유모돈	0	2	1	1	2	0	0	1	0	7	3.14	4.35	42.86
소계	-	34	27	21	20	11	6	15	13	161	3.39	100.00	22.28
구성비	-	23.1	18.4	14.3	13.6	7.5	4.1	10.2	8.8	100.0			

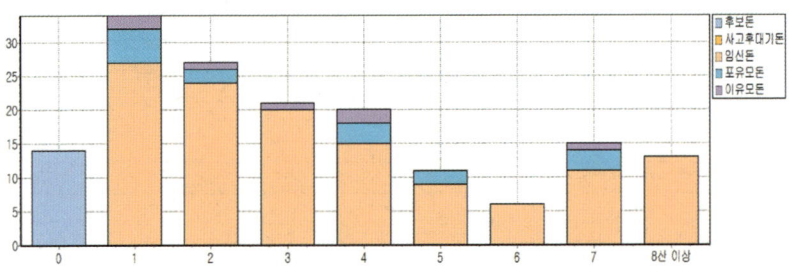

예를 들면, 2산차 성적 저하 경향 또는 1산차 이유 두수와 2산차 총산자 수의 영향, 3~5산차의 비율과 성적 수준을 우수농장의 성적과 비교 평가해야 한다.

농장에서 산차의 안정적인 구성 유지와 적정한 교배 두수 유지를 위해서는 두 가지 보고서[그림14, 그림15]를 효과적으로 활용해야 한다.

그림 15 **번식 현황 보고서**

	교배 1	2	3	4	5	6	7	8	9	10	11	12	13	14	15	16	17	분만 1	2	3	4	이유 1	2
교배기간	12/07	11/30	11/23	11/16	11/09	11/02	10/26	10/19	10/12	10/05	09/28	09/21	09/14	09/07	08/31	08/24	08/17	08/15	08/08	08/01	07/25	07/18	07/25
분만기간	03/30	03/23	03/16	03/09	03/02	02/24	02/17	02/10	02/03	01/27	01/20	01/13	01/06	12/30	12/23	12/16	12/09	12/07	11/30	11/23	11/16	11/09	11/16
이유기간	04/20	04/13	04/06	03/30	03/23	03/16	03/09	03/02	02/24	02/17	02/10	02/03	01/27	01/20	01/13	01/06	12/30	12/28	12/21	12/14	12/07	11/30	12/07
7산 미만	-	7	8	6	6	2	8	9	8	5	5	5	2	1	3	1	3	5	9	-	2	5	3
7산 이상	-	3	-	4	-	1	3	2	1	-	2	1	1	1	3	1	2	-	3	-	3	-	1
	(3)782	(3)777	(8)695	(5)731	(5)734	(1)838	(1)832	(5)728	(5)732	(7)704	(1)830	(2)790	(7)762	(5)726	(4)742	(8)661		(4)744	(5)725	(7)696	(1)811	(6)676	
	(2)804	(3)779	(2)808	(7)735	(3)776	(7)671	(7)700	(4)749	(8)802	(6)718	(8)679	(7)730	(7)701	(7)793	(4)747	(8)664		(2)774	(7)733	(7)743	(1)815	(4)736	
	(4)758	(3)781	(2)810	(6)689	(8)686	(7)709	(7)707	(2)752	(7)796	(2)766	(2)799	(2)788	(7)703	(3)761	(8)673				(7)692	(1)817		(4)739	
	(8)665	(3)778	(5)711	(2)806		(3)771	(7)754	(3)769	(3)767	(7)801	(8)831	(1)824	(6)705	(7)795	(6)712				(1)818	(2)784		(3)757	
	(8)681	(1)786	(7)697	(2)807		(7)772	(7)770	(8)675	(2)791	(7)685	(8)797	(8)670	(7)691	(7)780	(4)738				(1)819			(2)783	
	(8)687	(1)843	(1)840	(1)934		(3)775	(7)715	(3)764	(3)760	(8)800	(8)763	(1)763			(4)741							(1)812	
	(5)737	(7)844	(8)683			(8)677	(7)721	(3)768	(3)765			(1)825			(4)745							(1)814	
	(4)755	(2)809	(1)841			(7)753	(7)833	(2)803				(1)826			(4)746								
	(4)759		(1)842			(1)839	(7)835	(8)813				(1)827			(2)789								
	(4)756					(2)785	(7)836					(2)792			(1)820								
						(2)805	(1)837					(2)794			(1)821								
												(1)828			(1)822								
												(1)829			(1)823								
임신두수	-	10	8	10	6	3	11	11	9	5	7	6	13	4	5	5	12	-	-	-	-	-	-
사고두수	-	-	-	-	-	-	-	1	-	-	-	-	1	-	-	2	7	-	-	-	-	-	-
교배두수	-	10	8	10	6	3	11	12	9	5	7	6	14	4	5	7	19	-	-	-	-	-	-

산차 구성 보고서[그림14]를 통하여 산차 구성의 흐름과 미래의 교체 예정돈 비율 및 두수를 파악할 수 있다. 노산차 모돈의 교체가 어느 시기에 몇 두 정도 이루어져야 하는지 또는 산차 구성과 관계없이 어느 시기에 몇 두의 후보돈을 채워 교배 두수를 조절해야 하는지는 번식 현황 보고서[그림15]를 활용하여 파악할 수 있다.

(3) 중요한 항목에 집중하여 관리

농장에서 모돈 두당 연간 이유 자돈 수(PSY), 모돈 두당 연간 출하 두수(MSY), 모돈 두당 연간 출하 체중(WSY)을 개선하고자 할 때 너무 많은 관리 세부 항목을 수립하게 되면 농장 업무의 복잡성으로 인하여 개선 효과를 얻기 어려울 수 있다(물론 관리 수준이나 기술 수준이 높은 농장에서는 가능할지 모른다).

그림 16 발정 재귀 일령 보고서

항목	발정재귀일령								재발교배돈			합계
	3일이하	4일	5일	6일	7일	8일	9일이상	소계	1차재발	2차이상	소계	
분만복수	0	74	91	14	1	5	60	245	11	2	13	258
총산자수	0	1,002	1,293	199	10	45	708	3,257	134	30	164	3,421
생존산자수	0	890	1,157	182	8	43	662	2,942	121	28	149	3,091
사산두수	0	95	120	14	2	0	41	272	10	2	12	284
미이라두수	0	17	16	3	0	2	5	43	3	0	3	46
복당총산	0.0	13.5	14.2	14.2	10.0	9.0	11.8	13.3	12.2	15.0	12.6	13.3
복당생존	0.0	12.0	12.7	13.0	8.0	8.6	11.0	12.0	11.0	14.0	11.5	12.0
복당사산	0.0	1.3	1.3	1.0	2.0	0.0	0.7	1.1	0.9	1.0	0.9	1.1
사산율	0.0	9.5	9.3	7.0	20.0	0.0	5.8	8.4	7.5	6.7	7.3	8.3
복당미이라	0.0	0.2	0.2	0.2	0.0	0.4	0.1	0.2	0.3	0.0	0.2	0.2
미이라율	0.0	1.7	1.2	1.5	0.0	4.4	0.7	1.3	2.2	0.0	1.8	1.3

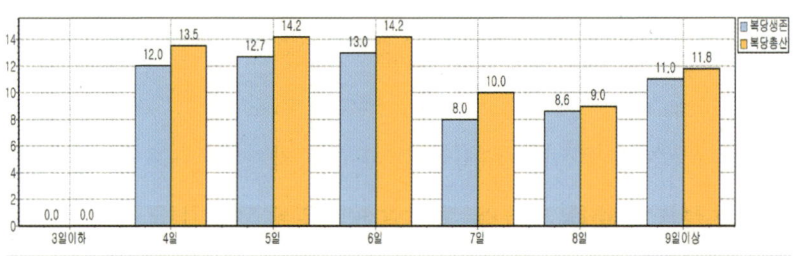

대부분의 농장에서는 개선 항목에 대한 집중 개선 업무를 도출하여 적용하는 노력이 필수적이다. 예를 들면, 분만율과 산자 수를 개선하고자 한다면 교배 적기를 찾는 방법, 비주기적인 재발 모돈의 조기 도태 방법, 간호 분만 담당자를 보강하는 방법 등 가능한 방안을 도출하고 하나의 방법에 집중해야 한다.

그림 17 재발 보고서

산차\일령	05~17	18~24	25~38	39~45	46~60	61~	평균일령	주기 재발비율	비주기 재발비율	21 재발비율	42 재발비율	두수	구성비
1	-	1	1	1	1	1	40.0	50 %	50 %	25 %	25 %	5	33 %
2	-	1	1	-	-	-	24.0	50 %	50 %	50 %	-	2	13 %
3	-	-	-	-	-	-	-	-	-	-	-	-	-
4	-	-	1	-	1	3	100.0	-	100 %	-	-	5	33 %
5	-	-	1	-	-	1	60.0	-	100 %	-	-	2	13 %
6	-	-	-	-	-	-	-	-	-	-	-	-	-
7	-	-	-	-	-	-	-	-	-	-	-	-	-
8산 이상	-	-	-	-	1	-	49.0	-	100 %	-	-	1	7 %
소계	-	2	4	1	3	5	273	30 %	70 %	20 %	10 %	15	99 %

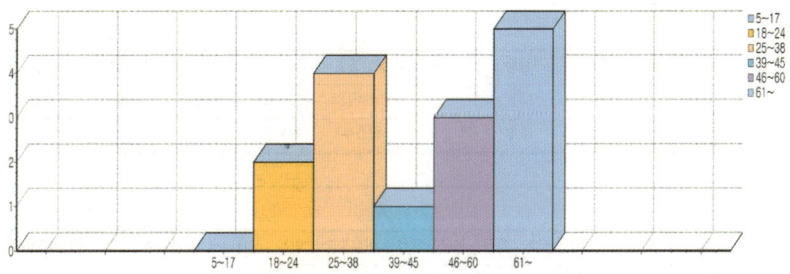

하나의 방법에 대한 선정과 집중이 잘 되었다면 농장의 생산성은 개선되어 목표를 달성할 수 있다. 이러한 연관된 개선 방법 중 어떤 방법에 집중할 것인가는 상세 보고서[그림16, 그림17]를 통하여 효과적인 방법을 도출해야 한다.

(4) 모돈 현황판을 통한 개체별 분석

농장의 모돈 두수가 많은 경우 개체별 모돈 현황판[그림18]을 하나씩 관찰하기보다는 문제 대상 돈의 현황 자료를 출력하여 관리하는 방식을 사용한다. 그러므로 시간을 내어 한 마리 한 마리의 모돈 현황판 성적을 열람하고 농장에서 일어나는 모돈들의 특성과 변화를 읽어내려는 노력을 해야 한다.

그림 18 **모돈 현황판**

이표번호	이각번호	산차	품종	계통	생년월일	입식일자	종돈구입처	생후일령	현재상태
735		5	F1		20130724	20140116	순천종돈장	870	임신돈

혈통번호	부	모	조부	조모	외조부	외조모

번식정보

산차	교배일자	웅돈	분만일자	총산	실산	포유	이유일자	이유	산차간격	산차지수	PSY	계산된PSY
1	20140404	0	20140727	8	8	8	20140821	12	139	2.63	31.56	31.56
2	20140903	0	20141225	6	5	5	20150122	11	154	2.37	26.07	26.07
3	20150127	0	20150523	15	14	14	20150611	10	140	2.61	26.10	26.10
4	20150616	0	20151008	16	14	14	20151105	11	147	2.48	27.28	27.28
5	20151109	0	-	-	-	-	-	-	-	-	-	-
계				45	41	41		44				
평균				11.25	10.25	10.25		11.00	145.00	2.52	27.75	27.75

모돈 현황판을 조회하여 파악하는 작업을 통하여 문제점을 도출하고 목표를 수립한 후 정한 개선 방법에 문제 또는 오류는 없는지 검증할 수 있다. 모돈 100두 규모이면 2~3시간이면 가능하며 모돈 500두 규모라고 해도 2일 정도면 가능하다.

(5) 일반 농장에서 최종 제품은 비육돈

많은 농장 경영주들이 번식 생산성에 집중하는 경향이 있지만 일
반 비육돈 생산농장에서 매출이 발생하는 제품은 비육돈이라는 것
을 잊지 말아야 한다. 비육돈의 두수와 품질이 농장의 매출과 수익
성을 결정하므로 많은 두수의 생산을 위해 번식 관리를 개선하고자
하며, 품질을 개선하기 위해 사육 관리(밀도, 일당 증체중, 육성률
등)를 통하여 출하 관리(체중, 등지방, 균일도 등)를 하게 된다 .

등급 출현 보고서

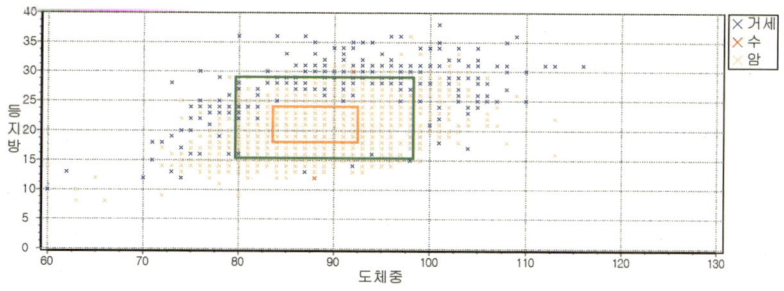

	1+ 등급	%	1등급	%	2등급	%
전체	773	100	874	100	693	100
거세	350	45	386	44	391	56
암	423	55	488	56	302	44

1+등급 [ ]   1등급 [ ]   (탕박도체 기준)

등급	중량(kg)	등지방두께(mm)
1+ 등급	이상이하	이상이하
	84 ~ 93	18 ~ 24
1등급	80 ~ 83	15 ~ 29
	84 ~ 93	15 ~ 17
	84 ~ 93	25 ~ 29
	94 ~ 99	15 ~ 29
2등급	1+,1 등급에 속하지 않는것	

연간, 시기별 출하 비육돈의 도체중과 등지방, 등급 출현율 등의 도체 성적을 분석하여 개선할 방안을 마련해야 한다. 번식 성적의 개선 방법과 함께 비육돈의 출하 성적을 개선하기 위한 방법도 고려하여 계획을 수립해야 한다.

이를 위해서는 모돈 규모, 시설 규모, 사육 흐름 등을 감안하여 사육 계획을 수립하고 지속적으로 유지할 수 있는 노력이 필요하다. 국내 돼지 사육 두수가 증가하고 돼지고기 가격이 하락할수록 적정한 사육 계획과 좋은 출하 품질을 유지하는 것이 생산원가 절감과 수익 증대를 이룰 수 있는 기본임을 명심해야 한다.

부록 I

- 우수 축산물 인증 브랜드
- 축산관련 단체
- 축산관련 학회 · 연구회

농림축산식품부 선정 우수 브랜드 인증

구분	브랜드명
돼지 부문	도드람한돈, 돈마루벌침맞은우리돼지, 백두대간포크, 보리먹은돼지가천맥돈, 산들에참포크, 생생포크, 선진포크, 웰팜포크, 인삼포크진생원, 장군포크, 태흥한돈, 포크밸리, 포크빌포도먹은돼지, 프레시안생돼지고기, 프로포크

소비자시민모임 선정 '2016년 우수 축산물 인증 브랜드'

구분		개소수	브랜드명
돼지 (15개소)	농협	6	프로포크(농협목우촌), 도드람포크(도드람양돈농협), 장군포크(논산계룡), 포크빌포도먹은돼지(대전충남양돈), 산들에참포크(김해), 포크밸리(부경양돈)
	일반	9	백두대간포크(백두대간), 선진포크(선진), 생생포크(팜스토리), 프레시안생돼지고기(CJ), 태흥한돈(태흥한돈영농조합), 돈마루벌침맞은우리돼지(돈마루), 웰팜포크(다비육종), 인삼포크진생원(도원진생원포크영농조합), 보리먹인돼지가천맥돈(해드림푸드)

축산관련 단체

기관	주소	전화번호
한돈자조금관리 위원회	서울 서초구 서초중앙로 6길 9 제2축산회관 1층	02) 6486-2901
대한한돈협회	서울 서초구 서초중앙로 6길 9 제2축산회관 3층	02) 581-9751~4,8
가축위생방역 지원본부	세종특별자치시 아름동 아름서길 21	044) 550-5500
대한수의사회	경기 성남시 분당구 황새울로 319번길 8-6	031) 702-8686
축산관련단체 협의회	서울 서초구 서초중앙로 6길 9 제2축산회관 3층	02) 588-7055
축산물품질 평가원	세종특별자치시 아름동 아름서길 21	044) 410-7000
축산물 안전관리인증원	경기 안양시 만안구 안양로 111 경기벤처 연성대학교센터 901호	031) 390-5200
한국단미사료 협회	서울 서초구 서리풀 3길 20-1	02) 585-2223
한국동물약품 협회	경기 성남시 분당구 황새울로 319번길 8-6 수의과학회관 301호	031) 707-2470
한국사료협회	서울 서초구 반포대로 76	02) 581-5721~33
한국육가공협회	서울 서초구 방배로 43 곡물협회회관 401호	02) 588-1264~5
한국육류유통 수출입협회	경기 안양시 동안구 흥안대로 427번길 38 성지스타워드 1115호	031) 394-8147~9
한국종축개량 협회	서울 서초구 명달로 88 축산회관 5층	02) 588-9301~5
한국축산물처리 협회	경기 군포시 용호 1로 46번길 9 축산물품질평가원 3층	031) 391-9766~7

문화원 및 박물관

기관	주소	전화번호
돼지문화원	강원 원주시 지정면 송정로 130	1544-9266
안성팜랜드	경기 안성시 공도읍 대신두길 28	031) 8053-7979
이천 돼지박물관	경기 이천시 율면 임오산로 372번길 129-7	031) 641-7540

축산관련 학회 · 연구회

기관	주소	전화번호
축산진흥연구소	경남 진주시 초전북로 104	055) 254-3013
한국양돈기술원	경기 이천시 신둔면 석동로 161번길 97	031) 632-0756
대한수의학회	서울 관악구 관악로 1 서울대학교 수의과대학 85동 616호	02) 880-1229
(사)양돈산학협동 연구회	경남 진주시 동진로 55	055) 751-3218
양돈과학기술센터	경남 진주시 동진로 55 산학협력관 신관 2층 205호	055) 751-3218
한국양돈수의사회	경기 김포시 김포한강2로 192 302동 901호	010-5232-1185
한국동물자원 과학회	서울 강남구 테헤란로 5길 36 한국과학기술회관 신관 909호	02) 562-0377~8
한국양돈연구회	경기 성남시 분당구 황새울로 307 1008호	031) 781-5660

부록 Ⅱ

한돈팜스 전국 한돈농가
전산성적
(2014년, 전문 사용자용)

1. 추진 배경 및 목적

● 추진 배경

세계적으로 급변하는 양돈산업 및 FTA에 의한 수입 개방 확대에 대응하기 위하여 국내 많은 한돈 농가의 사육 동향 및 성적을 분석하고 정확한 진단이 필요하다. 이에 따라 대한한돈협회의 한돈팜스 프로그램의 일반 사용자(주요 항목의 기록 관리)와 전문 사용자(개체 단위의 기록 관리)로 분리된 자료를 수집해 활용하여 자료를 분석하였다.

● 추진 목적

국내 한돈 전산기록관리 농장의 성적을 종합하여 분석함으로써 한돈산업의 항목별 수준과 문제점을 파악하고 한돈 농가들의 전산 활용을 유도하기 위하여 분석 보고서를 작성하였다.

2. 조사 내용

● 분석 농가 수

구분	자료 기간	등록 농가 수	분석 농가 수	분석 모돈 수
일반사용자 (두수 관리)	2013년	3,840	2,597	592천 두
	2013년	4,148	3,298	763천 두
	2013년	4,149	3,418	807천 두
전문사용자 (개체 관리)	2014년		160	57천 두
수급 전망	2014년1월~ 2015년 10월	4,148	4,100	761천 두

＊이 자료는 한돈자조금 주최, ㈔대한한돈협회 주관으로 ㈜함컨설팅이 2014년 전문 사용자의 전산 성적을 조사 분석한 것임.

● 분석 농가 기준

• 등록 농가 수는 해당 기간 월 최대 농가 수
• 분석 대상은 주요 분석 항목이 2014년 10개월 이상, 2015년 6개월 이상 등록된 농가
• 2014년 전문 사용자 총 160농가[한돈팜스(카길퓨리나 관리 농가 포함), 도드람양돈농협]

---

3. 기타

● 분석 항목 계산식

• 모돈회진율 1 : 분만 복수 * 12개월 / 상시 모돈 수
• 모돈회전율 2 : 이유 복수 * 12개월 / 상시 모돈 수
• 분만율 : 분만 복수 / 교배 복수 *100%
• 이유 전 육성률 : 복당 이유 두수 / 복당 총산자 수 * 100%
• PSY : 당월 이유 자돈 수 * 12개월 / 상시 모돈 수
• MSY : 당월 비육 출하 두수 * 12개월 / 상시 모돈 수
• 이유 후 육성률 : MSY / PSY *100%
• 출하 일령 : (총재고 두수 – 모돈 수) / 출하 두수 * 일수

● 자료 분석 주체

1) 주최 : 한돈자조금
2) 주관 : ㈔대한한돈협회
3) 자료 분석 : ㈜함컨설팅

● 2014년 전문 사용자 월별 성적

구분	1월	2월	3월	4월	5월	6월	7월	8월	9월	10월	11월	12월	평균
상시 모돈 수	343	350	344	349	354	359	363	366	368	370	371	372	359
모돈 회전율	2.32	2.33	2.36	2.30	2.33	2.26	2.31	2.30	2.26	2.30	2.26	2.22	2.29
PSY	22.4	21.7	22.1	23.0	23.3	23.0	23.2	23.0	22.5	23.7	22.4	21.6	22.5
평균 총산	12.13	12.09	12.36	12.31	12.41	12.26	12.23	12.12	12.23	12.08	11.71	11.83	12.13
평균 생존	10.98	11.03	11.26	11.23	11.34	11.16	11.07	11.01	11.19	11.03	10.75	10.86	11.06
평균 이유	9.74	9.53	9.81	9.86	10.05	10.08	10.07	9.98	10.02	10.05	9.86	9.58	9.88
발정 재귀 일령	6.55	6.55	6.99	6.42	6.83	6.34	6.30	6.58	6.63	7.07	6.78	6.63	6.59
분만율(%)	80.4	84.3	85.5	86.3	83.0	83.7	85.8	84.0	85.3	83.0	80.9	80.0	83.5
재발 교배 비율(%)	9.6	10.1	11.5	10.5	11.4	10.7	10.8	13.3	12.3	14.5	14.0	11.9	11.7
비생산일	34.2	38.0	40.4	37.5	37.9	37.4	41.5	41.4	42.3	63.9	39.8	39.8	42.6
이유 전 육성률(%)	92.7	90.4	90.7	90.8	91.0	91.5	90.8	91.3	91.5	91.8	92.0	92.4	91.5

- 2014년 전문 사용자 생산 성적을 보면 PSY 22.5두, 모돈 회전율 2.29, 평균 총산 12.13두, 평균 생존 11.06두, 평균 이유 9.88두였으며, 분만율 83.5% 이유 전 육성률 91.5%를 보임

● 2014년 전문 사용자 규모별 농가의 성적

구분	200두 이하	300두 이하	400두 이하	500두 이하	1,000두 미만	1,000두 이상
농가 수	51	35	26	13	27	8
상시 모돈 수	137	258	348	434	647	1151
모돈 회전율	2.24	2.32	2.32	2.36	2.34	2.13
PSY	21.9	22.8	22.7	23.3	23.6	20.8
평균 총산	12.0	12.1	12.2	12.0	12.4	12.0
평균 생존	11.1	11.0	10.9	10.9	11.3	11.0
평균 이유	9.9	10.0	10.0	10.0	10.1	9.5
발정 재귀 일령	6.7	6.9	6.2	7.3	6.1	6.3
분만율(%)	80.4	84.4	83.6	86.4	86.9	83.5
재발 교배 비율(%)	14.1	11.7	11.1	10.6	8.2	11.9
비생산일	56.7	37.7	37.0	35.4	33.2	37.1
이유 전 육성률(%)	91.9	91.5	91.9	91.2	91.2	88.5

- 2014년 전문 사용자 규모별 생산 성적을 보면 500두에서 1,000두 미만의 농가가 PSY 23.6두로 가장 높았고 평균 총산 12.4두, 평균 생존 11.3두, 평균 이유 10.1두였으며, 분만율 86.9%를 보임

● 2014년 전문 사용자 상하위 농가별 성적

구분	상위 10%	상위 30%	중위	하위 30%	하위 10%	상하위 10% 차이
상시 모돈 수	444	431	290	325	469	−25
모돈 회전율	2.45	2.38	2.30	2.24	2.00	0.45
PSY	26.6	24.8	22.8	20.7	17.2	9.4
평균 총산	13.0	12.5	12.1	11.9	11.4	1.6
평균 생존	12.0	11.4	11.0	10.8	10.1	1.9
평균 이유	10.9	10.4	9.9	9.4	9.2	1.7
발정 재귀 일령	6.4	6.9	6.6	6.5	6.0	0.4
분만율	88.9	86.0	82.7	83.2	77.1	11.8
재발 교배 비율	7.3	10.5	11.8	12.5	16.4	−9.1
비생산일	27.7	33.5	40.2	41.1	88.7	−61
이유 전 육성률	91.9	91.7	92.0	91.4	88.3	3.6

• 2014년 전문 사용자 생산 성적을 PSY 생산성 수준별로 보면 상위 10%의 성적은 PSY 26.6
두, 분만율 88.9%, 총산 13.0두, 이유 10.9두로 높은 수준을 보임

● 2014년 전문 사용자 상위 농가와 국제 비교

구분	상위 10%	상위 30%	Pigvision 평균	상위 10%와 차이
상시 모돈 수	444	431	486	–
모돈 회전율	2.45	2.38	2.37	0.08
PSY	26.6	24.8	29.1	−2.5
평균 총산	13.0	12.5	15.31)	−2.3
평균 생존	12.0	11.4	14.2	−2.2
평균 이유	10.9	10.4	12.3	−1.4
발정 재귀 일령	6.4	6.9	5.6	0.8
분만율	88.9	86.0	86	2.29
재발 교배 비율	7.3	10.5	8	−0.7
비생산일	27.7	33.5	31.12)	−3.4
이유 전 육성률	91.9	91.7	86.6	5.3

• 2014년 Pigvision 프로그램 사용 농가 660여 개의 평균치와 비교한 데이터로, 한돈팜스 상위
10%와 생존 산자 수와 이유 두수에서 가장 큰 차이를 보임.

● 2014년 전문 사용자 월별 성적

(단위: 분만율 %)   (단위: 재발교배율 %)

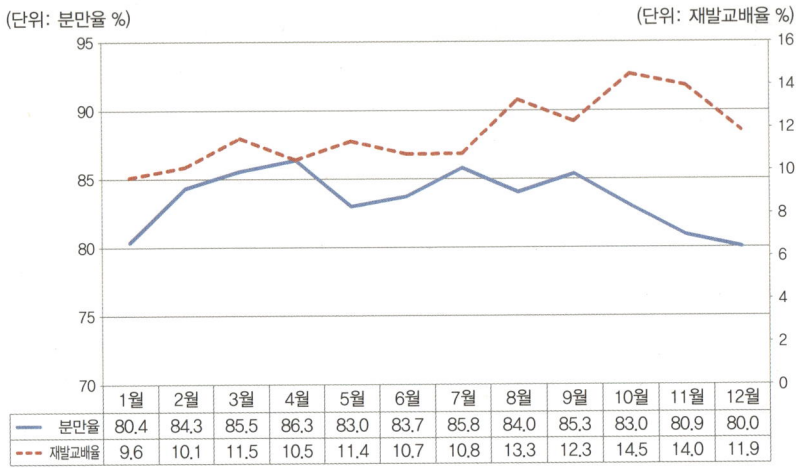

	1월	2월	3월	4월	5월	6월	7월	8월	9월	10월	11월	12월
분만율	80.4	84.3	85.5	86.3	83.0	83.7	85.8	84.0	85.3	83.0	80.9	80.0
재발교배율	9.6	10.1	11.5	10.5	11.4	10.7	10.8	13.3	12.3	14.5	14.0	11.9

• 2014년 한돈팜스 전문 사용자 월별 생산 성적을 보면 분만율은 1월과 10월부터 12월까지 낮게 나타났으며
  재발교배율은 8월부터 11월까지 높게 나타남.

● 2014년 전문 사용자 발정 재귀일

(단위: 일)

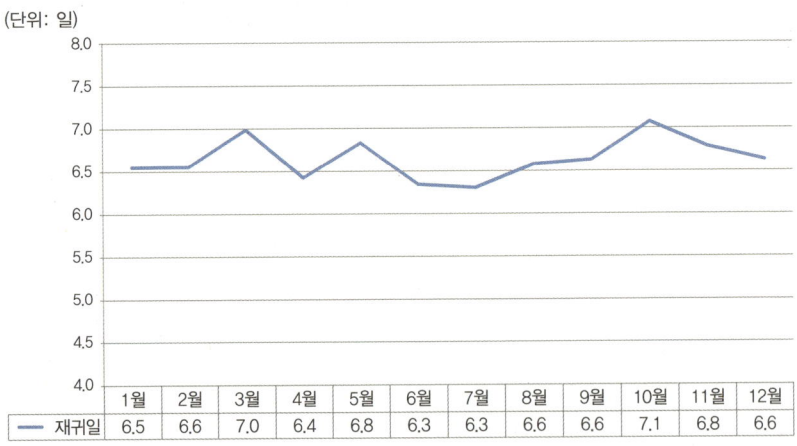

	1월	2월	3월	4월	5월	6월	7월	8월	9월	10월	11월	12월
재귀일	6.5	6.6	7.0	6.4	6.8	6.3	6.3	6.6	6.6	7.1	6.8	6.6

• 2014년 한돈팜스 전문 사용자 월별 생산 성적을 보면 발정 재귀일은 8월부터 증가하여 10월을 정점으로 감
  소하는 경향을 보이며 6월, 7월의 발정 재귀일이 짧게 나타남.

● 2014년 전문 사용자 총산자 수, 이유 자돈 수

(단위: 두)

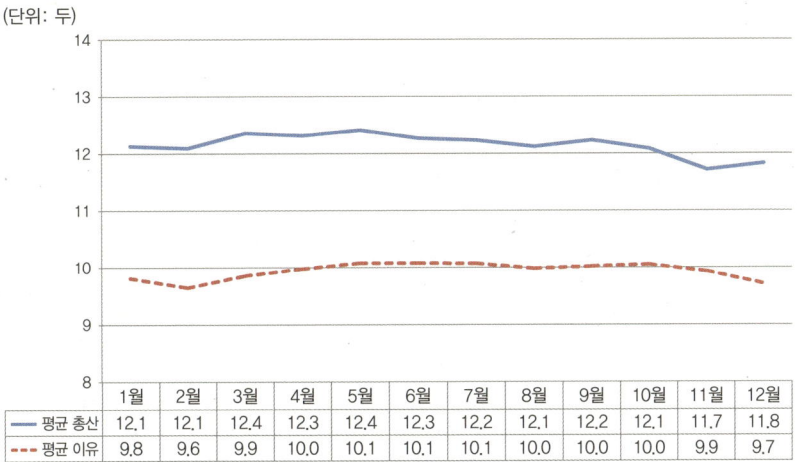

	1월	2월	3월	4월	5월	6월	7월	8월	9월	10월	11월	12월
평균 총산	12.1	12.1	12.4	12.3	12.4	12.3	12.2	12.1	12.2	12.1	11.7	11.8
평균 이유	9.8	9.6	9.9	10.0	10.1	10.1	10.1	10.0	10.0	10.0	9.9	9.7

• 2014년 한돈팜스 전문 사용자 월별 생산 성적을 보면 총산 두수는 3월부터 9월까지는 높은 경향을 보이며, 이유 두수는 4월부터 10월까지 약간 높은 경향을 보임.

● 2014년 발정 재귀 일령별 산자 수

(단위: 두/복)

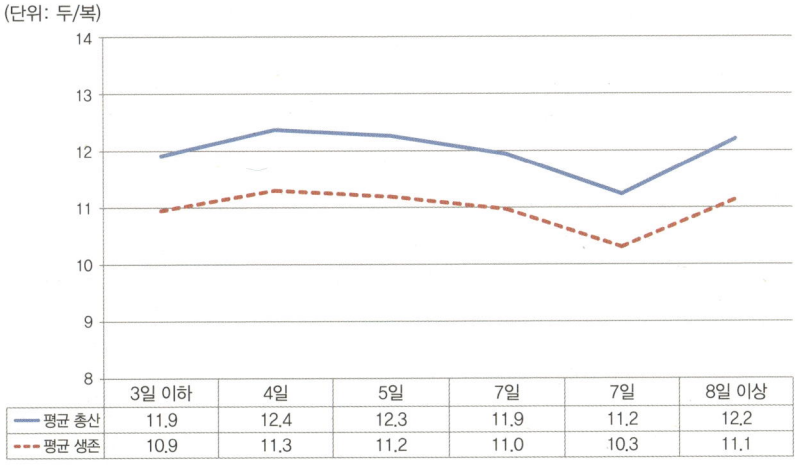

	3일 이하	4일	5일	7일	7일	8일 이상
평균 총산	11.9	12.4	12.3	11.9	11.2	12.2
평균 생존	10.9	11.3	11.2	11.0	10.3	11.1

• 2014년 한돈팜스 전문 사용자 생산 성적을 보면 발정 재귀 일령별 산자 수 변화 동향을 보면 4일부터 5일까지는 증가하는 경향을 보이며, 7일 이상에는 하락하는 경향을 보임. 8일 이상에서 증가하는 경향을 보이지만 빈도수가 낮음

● 2014년 산차별 산자 수 및 이유 두수

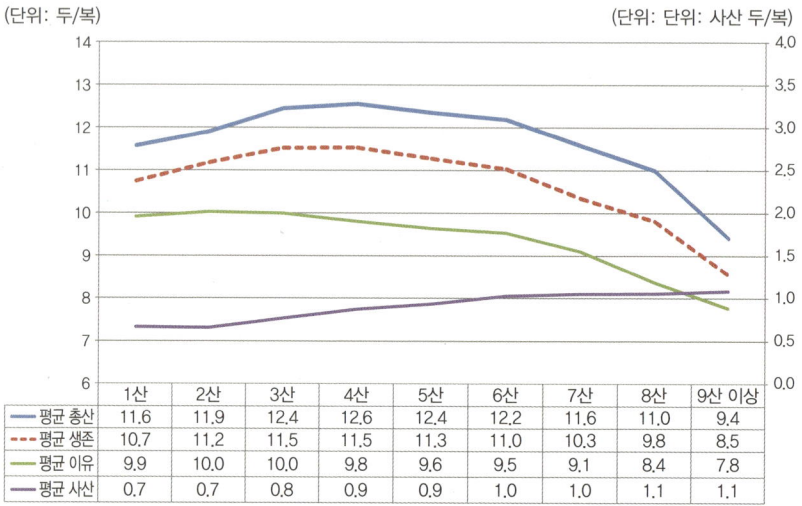

(단위: 두/복)   (단위: 단위: 사산 두/복)

	1산	2산	3산	4산	5산	6산	7산	8산	9산 이상
평균 총산	11.6	11.9	12.4	12.6	12.4	12.2	11.6	11.0	9.4
평균 생존	10.7	11.2	11.5	11.5	11.3	11.0	10.3	9.8	8.5
평균 이유	9.9	10.0	10.0	9.8	9.6	9.5	9.1	8.4	7.8
평균 사산	0.7	0.7	0.8	0.9	0.9	1.0	1.0	1.1	1.1

• 2014년 한돈팜스 전문 사용자 생산 성적을 보면 산차에 따라 총산 두수, 생존 두수는 3산부터 6산까지 높은 경향을 보이며 7산 이후는 급격하게 하락하는 경향을 보임. 사산 두수는 산차가 늘어남에 따라 3산 이후 지속적으로 증가하는 경향을 보임.

● 2014년 산차별 생존 산자 수 국제 성적 비교

(단위: 두/복)

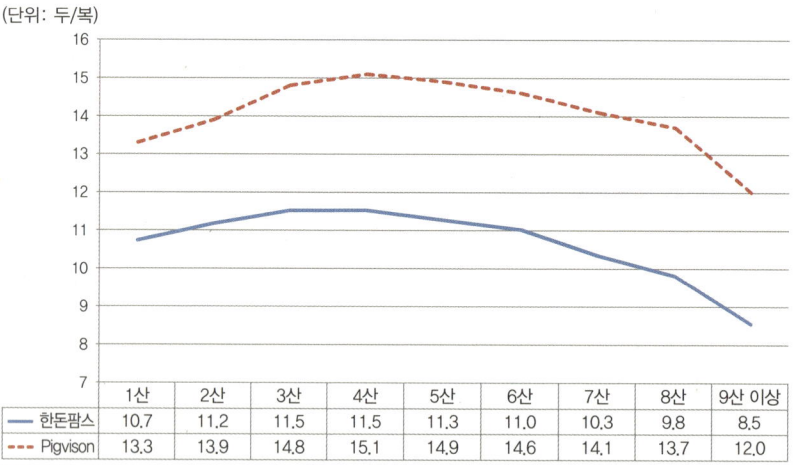

	1산	2산	3산	4산	5산	6산	7산	8산	9산 이상
한돈팜스	10.7	11.2	11.5	11.5	11.3	11.0	10.3	9.8	8.5
Pigvision	13.3	13.9	14.8	15.1	14.9	14.6	14.1	13.7	12.0

* 자료출처 : 2014 Benchmark Pigs, Agrovison BV

• Pigvision 자료의 경우 1산차부터 4산차까지 지속적으로 생존 산자 수가 증가하다가 감소하는 흐름이며, 한돈팜스의 경우 1산차부터 3산까지는 증가하다가 4산에서 비슷한 추세를 보이다 하락하는 흐름임.

참고문헌

• 『동물병원 사례집』, 도드람양돈농협, 2015.

• 『사양관리 매뉴얼』, 도드람양돈농협, 2015.

• 『가축사양학』, 한국방송통신대학교 출판문화원, 2015.

• 『양돈학』, 선진문화사, 1998.

• 『돼지기르기』, 농촌진흥청, 2013.

• 『돈군 및 시설환경 위생관리 검정돈 사양관리지침』, 농협중앙회 종돈개량사업소, 2008.

• 『종돈육종 자문 성과보고서』, 농협중앙회 종돈개량사업소, 2014.

• 〈우리 돼지, 날면 되지〉, 농촌진흥청, RDA interrobang(40호), 2011.

대한민국 으뜸 농사기술서

양돈

초판 1쇄 발행일 2015년 12월 21일
초판 2쇄 발행일 2020년 8월 31일

공　저 정현규 남두석 함영화 김영신 최규석
펴낸이 이성희

마케팅 김용덕 김명신 김재완 손수정 이혜인
디자인&인쇄 지오커뮤니케이션

펴 낸 곳 (사)농민신문사
출판등록 제25100-2017-000077호
주　　소 서울시 서대문구 독립문로 59
홈페이지 http://www.nongmin.com
전화 02-3703-6136 | **팩스** 02-3703-6213

이 도서의 국립중앙도서관 출판예정도서목록(CIP)은 서지정보유통지원시스템 홈페이지(http://seoji.nl.go.kr)와 국가
자료공동목록시스템(http://www.nl.go.kr/kolisnet)에서 이용하실 수 있습니다. (CIP제어번호 : CIP2015034853)